마음의 평화를
찾아 떠나다,
산티아고 순례길

마음의 평화를
찾아 떠나다, **산티아고
순례길**

글·사진 진종구

어문학사

이기수요아킴 신부

나는 필자 자신이 오랫동안 사랑했던 직장을 그만두게 되었을 즈음 만나게 되었다. 그는 마음속에 남아 있는 마지막 애정을 토해내기 위해 깊은 병마와 싸워야 했다. 온전한 가톨릭 귀정歸程에 앞서 겪어야 하는 진통은 매우 심했다. 필자는 해산을 앞둔 여인처럼 깊고 짧은 고통을 끝낸 다음 새롭게 부활할 수 있었다. 세속의 덧없는 영광 대신 '길이요, 생명'이신 하느님을 다시 만날 수 있었던 것이다.

그는 가톨릭 병자성사病者成事의 은혜를 통해서 흘러넘치는 영광을 받았다. 십자가의 인호印號로 각인刻印된 그의 이마와 두 손은 지혜와 성체聖體를 모실 수 있는 거룩한 성반聖盤으로 다시 태어난 것이다. 지상의 어머니만 알고 있을 때 천상의 어머니를 만날 수 있었고, 수많은 성인이 필자의 전구자로 버팀목이 되어 있을 때 그는 결심했다. 순례의 길을 걷는 봉헌이었다. 지상 예루살렘에서 천상으로 가는 여정을 묵상하는 순례자가 되는 것이다. 야고보 사도를 찾아가는 순례는 그렇게 시작되었다.

필자는 여정을 통하여 잠들어 있던 역사를 다시 깨워 주었다. 그러나 그가 만난 야고보 사도는 아직도 끝나지 않은 전쟁으로 신음하고 있는 또 다른 지상을 향해 순례를 요구하고 있었다.

이 책은 역사와 신앙을 통하지 않는 산티아고_{Santiago}는 의미 없는 도보여행에 불과함을 지적하고 있다. 이 책을 읽고 묵상하면서 지상의 평화를 위한 속죄의 순례자가 되어 주기를 바란다.

오늘은 당신이 그 자리에 초대받는 주인공이 될 것이다.

서문

　별 재능은 없었지만, 그냥 역사서를 읽으며 간혹 생각 없이 낙서하기를 좋아하던 직장인이었다. 27년간 다니던 직장을 떠나기 위해 마음을 정리하던 어느 날, 죽기 전에 해보고 싶은 일에 대한 목록을 작성하기 시작했다. 산티아고 순례길, 히말라야Himalaya 등반, 남미 마추픽추Machu Picchu 등정, 라이스 테라스rice terrace 방문 등등……. 하나하나 써내려가던 중 최우선적으로 해보고 싶은 일은 단연 산티아고 순례길을 걷는 것이었다.

　카미노 데 산티아고Camino de Santiago에 나서기 전 생각만 해도 가슴이 설렜다. 막상 카미노를 걷기 시작했을 때 나의 선택이 그릇되지 않았음을 깨달았다. 길 위에서 만난 사람들은 모두 순수한 열정을 지니고 있었다. 종교적 목적으로 길을 걷든, 문화적 목적이든 모든 사람은 가톨릭 성인의 무덤을 향해 걷고 또 걸었다. 그들 안에서 삶을 느꼈고, 신앙을 보았다. 무신론자조차도 에스파냐이 책에서는 스페인을 에스파냐로 통일 함의 종교와 문화에 대해 공감하지 않을 수 없는 길이었다.

어렸을 적부터 개신교를 다녔다. 하지만 뭔지 모를 속된 세상의 유혹에 빠져드는 목회자의 모습에 실망하기 시작했다. 이사를 하게 됨에 따라 교회를 세 번 옮겼지만, 이러한 현상은 반복되었다. 그러다 2년여 동안 신앙생활을 포기하였다. 물론 개인적인 갈등도 많았다. 그러던 중 천주교 수원교구 이용훈 주교님, 이영배 사무처장 신부님, 송병선 관리국장 신부님 등 가톨릭 사제와의 만남을 간간이 이어가면서 그들의 순수한 영성에 빠져들기 시작했다. 드디어 2012년 1월 1일을 기해 집 근처의 천주교 성당을 찾아갔다.

이기수 신부님과 교리공부에 한창이던 어느 날, 갑자기 심각한 병마가 찾아들었다. 이때, 가톨릭의 신비한 경험으로 병이 완치되었고 이러한 체험이 나를 산티아고 순례길로 이끌었다.

에스파냐 순례길은 독특한 유래가 있다. 그 길은 모슬렘에 의해 장악된 예루살렘을 대체하는 길이 되기도 했지만, 본질은 유럽의 기독교도들이 순례길을 통해 정신적 단결을 도모했다는 데 있었다. 정신은 물질을 지배한다. 신앙은 정신의 카타르시스Catharsis를 유도하는 데 최고의 방법이다.

산티아고 가는 길에서 카타르시스를 느꼈으며, 중세 기독교도 체험했다. 카미노에서 사람들과의 만남도 중요했지만, 고통과 고난으로 점철된, 길을 걷는다는 것 그 자체도 일종의 순례였다. 그래서 이 책에서는 걷는 코스를 중요시했다. 걷는 동안 만났던 마을을 빠짐없이 기록하도록 노력했으며, 마을과 건축물에 얽힌 가톨릭의 전설과 역사도 덧붙였다.

에스파냐의 중세 역사는 가톨릭의 역사였기에 역사를 모르고는 순례길의 참된 의미를 알 수 없기 때문이다.

또한, 이 책에서는 중세 기독교와 가톨릭을 혼용하여 기술하였다. 기독교Christianity는 그리스도를 믿는 모든 종교를 의미하기 때문에 가톨릭과 정교회는 물론이고 종교분열로 탄생한 개신교도 포함된다. 그러나 우리나라에서는 지식인들조차도 천주교舊敎는 가톨릭이고, 개신교新敎만 기독교라는 생각이 지배적이다. 이는 기독교의 개념을 잘못 이해한 데서 기인한 것이다. 사실 중세의 기독교는 가톨릭을 의미하기 때문에 이 책에서는 기독교와 가톨릭이라는 용어를 혼용하였다.

아내와 함께 800여 킬로미터를 걸으면서 금욕을 실천하며 묵묵히 사제의 길을 걷는 분들에 대한 축복 기도를 진심으로 하였다. 길을 걷는다는 것은 어찌 보면 자신과의 싸움이기도 하다. 육체적, 정신적 고통을 극복하고 마음의 평정을 얻을 수 있는 순례길에서 진정한 자신과 만나길 빈다.

차례

Camino de SANTIAGO Route

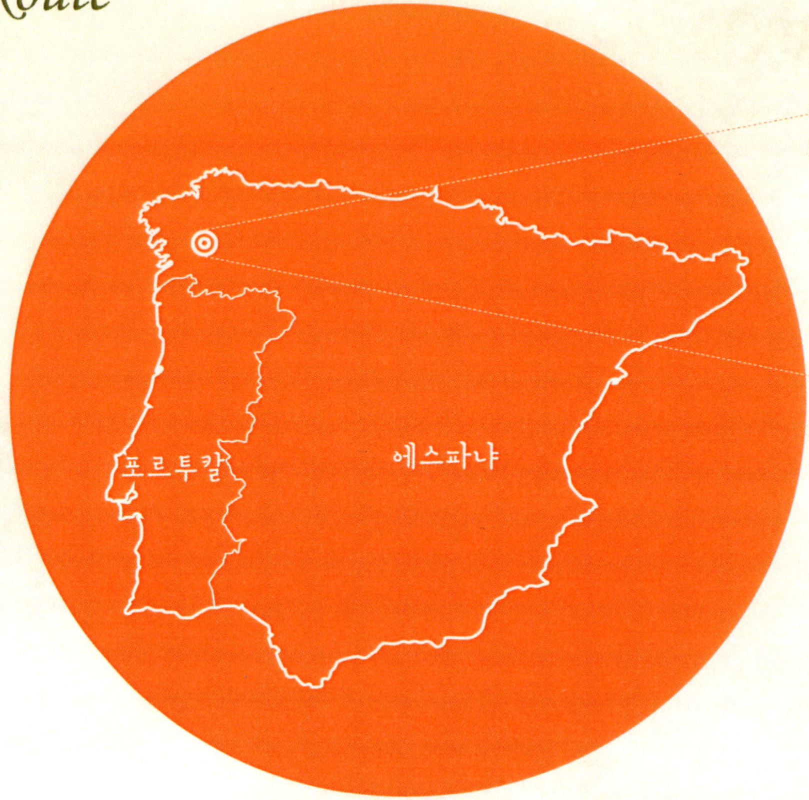

생장피에드포르

팜플로나

• 레온

• 폰페라다

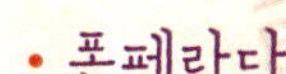

• 산티아고 데 콤포스텔라

일단 결정하면
걷게 되는 길

하루에도 수십 번 시계를 보며 하루를 셈하는 삶을 살았다. 직장의 울타리에 갇혀 지내던 어느 날 나 자신을 찾기 위한 여행을 떠나고 싶었다. 삶에서 잃어버린 가치는 무엇일까? 너무도 익숙해서 보지 못했던 참된 나를 바라보고 싶었다. 하지만 여전히 내 발목을 붙잡는 잡다한 것들이 많았다. 그런데도 가고 싶다는 소망을 품고 결정을 한 지 불과 몇 달 만에 나는 산티아고 가는 길에 서 있었다. 카미노 데 산티아고는 한번 가기로 마음먹으면 언젠가 반드시 걷게 되는 신비한 길이었다.

앞으로 닥쳐올 카미노의 숱한 사연들, 그 사연의 주인공이 되기 위한 여정엔 반평생을 함께 보낸 아내가 있었다. 2013년 봄, 우리 부부는 걱정 반 기대 반으로 파리 드골 공항에 내렸다. 몽파르나스 역 인근 민박집에서 산티아고 순례에 나서는 50대의 준수한 남자 프로야구 심판위원인 권영익 씨를 만났다. 신에게 마음을 활짝 여는 순례길에서의 첫 번째 만남이었다. 각자의 이야기를 주고받았고 권영익 씨는 다음 날 오전 일찍 떠났다. 우리는 오후 기차를 타기 위해 11시가 넘어서야 몽파르나스 역으로 향했다. 소형 태극기를 든 동양여성이 우리와 같은 객차에 올라탔다. 솔이라는 이름의 여대생이다. 그녀는 우리가 순례길에서 만난 두 번째 순례자였다. 끝없는 무한 질주를 할 것 같았던 테제베TGV, (프랑스 국철의) 초고속 열차의 추억도 바욘Bayonne 역에서 끝났다. 바욘 역에서 한 칸짜리 완행열차로 갈아타기 위해 하차하자 아침에 민박집에서 만났던 권영익 씨가 우리 부부와 솔이를 반갑게 맞이하는 것이 아닌가. 인연이란 예상치 못한 데서 다가오는가 보다.

저녁 무렵에야 생장피에드포르Saint Jean Pied de Port에 도착했다. 간이역 같은 조그만 역사를 빠져나온 순례자들은 너나 할 것

생장피에드포르의 순례자협회 사무실 앞에 길게 늘어서 순서를 기다리는 순례자들

없이 빠른 걸음으로 순례자협회 사무실을 찾아간다. 도착한 순서대로 크레덴시알Credencial, 순례자임을 증명하는 일종의 여권을 발급해 주기 때문이다. 자원봉사자 할머니는 구간별 고도표와 마을별 알베르게Albergue, 순례자 숙소 목록을 건네준다. 고도표는 총 34일 일정으로 20~30킬로미터씩 나눠 놓았다. 매일 걸어야 하는 순례자에게 당일 오르막과 내리막이 어떻게 전개되는지를 아는 것은 매우 중요하다. 또한, 알베르게 목록도 하루의 최종 목적지로 어느 마을을 선정해야 할지 알려주는 귀중한 자료다.

순례자협회 사무실 책상에 놓인 조개껍데기를 권 선생님이 집어준다. 조가비는 순례자를 상징하는 징표로 대부분의 사람이 배낭에 조가비를 매달고 다닌다. 나와 아내도 조가비를 배낭에 매달았다. 이제 내가 정말 페레그리노peregrino, 순례자인 것 같았다.

크레덴시알을 발급받은 한국인은 총 8명이었다. 각자 순례자 사무실에서 알려준 알베르게를 찾아가려는데 이미 만원이란다. 우리 부부는 생장피에드포르 도착 시각이 늦어 알베르게가 다 찼을 것이라는 예상을 했었다. 그래서 인터넷으로 미리 예약해 두었다. 마침 우리가 예약한 알베르게는 침대가 많이 남아있었다. 모든 한국인 일행은 그곳에 짐을 풀었다. 어둠침침한 분위기, 흔들거리는 침대, 살짝 발을 내디뎌도 삐걱거리는 마룻바닥 소리가 신경 쓰였다. 각자 저녁을 해결하기로 하고 우리 부부는 독일에서 온 수연 씨 등과 함께 알베르게 식당에서 순례자 메뉴로 뒤늦은 저녁 식사를 했다. 이색적인 식사자리에서 순례를 위한 첫 단추를 끼우고 있었다.

서울에서 온 지은이는 무거운 배낭에다 여행용 가방까지 갖고 왔다. 오랜 기간 달랑 옷 두벌로 어떻게 견디느냐는 어머니의 염려 때문에 짐이 늘고 또 늘었단다. 여행용 가방을 놓고 올까도 생각했지만, 어머니의 정성을 생각해 그냥 들고 왔다는데 그 많은 짐을 갖고 어떻게 기나긴 여정을 소화해 낼지 걱정스러웠다. 그녀는 무거운 여행용 가방을 론세스바예스의 알베르게까지 보내고 배낭만 짊어지고 가겠다고 한다. 산티아고 가는 길에는 심신이 지치고 허약해진 순례자들을 위해 다음 행선지까지 배낭을 배달해 주는 택배 체계가 잘 구축돼 있다.

내일부터 걷게 되는 '카미노 데 산티아고'는 산티아고 가는 길이라는 뜻으로 산티아고 대성당까지 이어지는 길을 말한다. 산티아고Santiago는 에스파냐어로 성聖을 의미하는 산토Santo에 야고보의 이름인 디에고Diego 또는 이아고Iago가 합해진 단어다. 이제 산티아고는 성 야고보라는 이름이자 그가 묻힌 도시의 명칭이 되었다. 도시 이름은 별들이 반짝이는 들판에서 야고보 성인의 유해가 발견되었다고 해서 별들의 들판이라는 콤포스텔라Compostela가 추가되어 '산티아고 데 콤포스텔라Santiago de Compostela'로 쓰이지만, 통상적으로 산티아고로 줄여 부른다.

성경에 등장하는 예수의 열두 제자 중에는 야고보가 두 명이다. 한 명은 세배대의 아들이자 요한의 형제인 대major야고보이고, 다른 한 명은 알패오의 아들로 의인이라 불리는 소minor야고보다. 세배대의 아들 야고보는 알패오의 아들 야고보보다 먼저 사도로 부름을 받았고 나이도 많았기 때문에 대大야고보라 부른다. 산티아고 순례길의 야고보 성인은 대大

야고보를 일컫는다.

산티아고 가는 길은 크게 4개 루트가 있다. 그중 가장 인기 있는 길은 프랑스의 국경도시 생장피에드포르에서 시작하여 피레네 산맥을 넘어 산티아고까지 이어지는 800여 킬로미터의 프랑스길이다. 카미노Camino의 단어적 의미는 단순히 길Road이다. 하지만 요즘은 카미노길를 산티아고 순례길의 대명사처럼 사용하기도 한다. 카미노 데 산티아고, 중세에는 종교적인 길이었으나 요즘은 인생의 순례길이 되어 버린 듯, 종교인 비종교인 할 것 없이 수많은 사람이 찾고 있다.

침대 삐걱거리는 소리와 화장실을 오가는 사람들의 발소리에 깊은 잠을 잘 수 없었다. 이리저리 뒤척이다 새벽녘에야 잠이 들었다. 이제 눈을 뜨면 천 년을 이어 온 유서 깊은 순례길을 걷게 되리라. 하루하루가 모험인 카미노를 기대한다.

용어 정리

카미노 데 산티아고_{Camino de Santiago} : 산티아고 가는 길

카미노 _{Camino} : 길

알베르게_{Albergue} : 순례자 숙소

크레덴시알_{Credencial} : 순례자임을 증명하는 여권

페레그리노_{peregrino} : 순례자

세요_{Sello} : 순례자가 받는 스탬프

바르_{Bar} : 간단한 식사와 술을 파는 바

부엔 카미노_{Buen Camino} : 좋은 길 되세요

올라_{Hola!} : 안녕

티엔다_{Tienda} : 구멍가게

오스피탈레로_{Hospitalero} : 남자 자원봉사자

오스피탈레라_{Hospitalera} : 여자 자원봉사자

시에스타_{Siesta} : 낮잠 시간

보카디요_{bocadillo} : 바게트 빵 샌드위치

카페 콘 레체_{Cafe con leche} : 우유를 넣은 커피

오스탈_{Hostal} : 우리나라의 모텔

카페테리아_{Cafetería} : 식사와 커피 등을 할 수 있는 식당

기독교: 그리스도를 믿는 모든 종교를 의미한다. 이 책에 등장하는 "기독교"라는 용어는 구교_{가톨릭}와 신교_{개신교}로 분열되기 이전이므로 모두 가톨릭을 가리킨다.

발카를로스 마을

롤랑의
뿔 나팔 소리를
느끼다

롤랑의
뿔나팔 소리를
느끼다

　　9세기 초 예수의 열두 제자 중 한 명인 성 야고보_{Santiago}의 유골이 거의 손상되지 않은 채 발견되었다. 당시 이슬람 세력과 대항하던 에스파냐_{España, 영어/Spain}의 가톨릭 왕국에게 야고보 성인의 유골은 구원의 상징과도 같았다. 산티아고의 유골을 정신적 지주로 삼은 교회와 군대는 굳게 결속하여 이슬람 세력과 대항하였다. 당시 기독교 최대의 성지였던 예루살렘은 이교도들의 수중에 있었기 때문에 산티아고는 예루살렘을 대체하는 중요한 성지가 되었다. 그 후 프랑스를 비롯한 유럽의 기독교도에게 산티아고 순례는 신앙의 중심축이 되어갔다. 제대로 된 길이 없었던 중세의 순례자들은 오로지 자신의 두 다리에만 의지하여 순례에 나섰다. 그러니 순례길은 당연히 고행길이 될 수밖에 없었다. 산티아고 순례길은 11세기에서 15세기까지 그야말로 전성기를 누렸다. 한창 순례를 지속했던 1189년 교황 알렉산데르 3세_{Alexander III}는 산티아고, 예루살렘, 로마를 기독교 3대 성지로 선포하였다. 또한, 야고보 성인의 축일인 7월 25일이 주일과 겹치는 성년_{Holy year}에 산티아고를 방문하면 모든 죄를 사면해 준다는 대사_{大赦}를 내리기까지 하였다.

　　세월이 흘러 15세기 말, 레콘키스타_{Reconquista, 국토회복 전쟁}라 불리던 가톨릭 왕국과 이슬람 세력 사이에 전개된 800년간의 기나긴 싸움이 종료되었다. 또한, 16세기 가톨릭에 반발한 신교도프로테스탄트들이 출현하여 종교전쟁이 발발한다. 그 결과 기독교는 가톨릭Catholic과 정교회Orthodox에서 개신교Protestant까지 추가되어 세 종파로 분열되었다. 결국, 번성했던 순례길이 점차 쇠퇴의 나락으로 떨어져 갔다. 그러던 중 지난 1987년 교황 요한 바오로 2세가 산티아고를 방문한 뒤 순례길이 다시 활기를 되찾았다. 우리 부부도 중세 순례자들과 똑같이 두 발에만 의지한 채 성 야고보의 무덤을 찾아가는 순례에 나섰다. 에스파냐가 위치한 이베리아 반도의 동쪽에서 서쪽으로 800여 킬로미터를 걸어가야 한다.

이른 새벽 생장피에드포르 시가지는 온통 안개로 뒤덮

여 순례자들의 결연한 가슴에 묘한 여운을 던져주었다. 한 알베르게에서 한국인 8명이 묘한 인연으로 만나 첫 밤을 보내고, 첫날 여정의 목적지인 론세스바예스Roncesvalles를 향해 힘찬 발걸음을 내디뎠다. 오리손Orisson 알베르게를 거치는 나폴레옹 루트는 눈이 쌓여 통제되고 있었다. 가톨릭의 수호자 샤를마뉴가 지나갔던 발카를로스Valcarlos 루트를 따라가는 우회도로를 택할 수밖에 없었다. 프랑크 왕국의 황제 샤를마뉴Charlemagne, 742~814는 독일에서는 카를Karl, 이탈리아와 에스파냐에서 카를로스Carlos로 불린다. 그래서 에스파냐에서는 이 도로를 발카를로스 루트라 부른다. 우회도로라 할지라도 피레네Pyrenees 산맥을 넘어야 하는 험로일 뿐만 아니라 거리가 멀어 순례자들을 지치게 만드는 코스다. 실제로 대다수 순례자는 나폴레옹 루트를 타고 피레네를 넘는다. 하지만 종교적인 목적으로 순례하는 사람이라면, 중세 가톨릭에 지대한 영향을 끼쳤던 샤를마뉴를 생각하며 발카를로스 루트를 걷는 것이 더 의미가 있을 것이라는 생각이 든다.

안개가 점차 걷히던 오전, 다 같이 어울려 주변의 풍경을 감상하며 즐거운 발걸음으로 피레네 계곡으로 미끄러지듯 들어갔다. 잠시 화장실에 다녀온 사이 프로야구 심판위원 권영익 선배를 선두로 대부분 한국인이 시야에서 사라져 버렸다. 우리 부부는 색다른 여행에 대한 기대감과 설렘에 젖어들었다. 뒤처진 수연, 지은과 함께 얘기하며 걷다 보니 어느새 아르네기_{Arneguy}에 도착해 있었다. 그곳에서 에스파냐 경찰에게 길을 묻자 친절하게 가르쳐 준다. 하천을 건너면 프랑스고 현재 우리가 서 있는 곳은 에스파냐란다.

"생장에서 출발할 때는 분명 프랑스 영토였는데, 언제 우리가 에스파냐에 들어섰었나?"

고개를 갸우뚱거리며 에스파냐 국기가 나부끼는 국경의 경찰서 앞에서 기념촬영을 하고 다리를 건넜다. 걸어서 다시 국경을 넘어선 것이다. 숲 내음 가득한 아스팔트 길을 따라 즐겁게 거닐었지만, 다시 하천을 건너 에스파냐의 발카를로스 마을로 올라가는 길이 문제였다. 샤를마뉴가

에스파냐 국기가
펄럭이는
국경 경찰서

피레네를 넘어 철군하던 도중, 롤랑의 후위대가 적들의 공격을 받고 있는 줄도 모른 채 배신자 가늘롱과 체스를 두던 중 롤랑의 뿔나팔 소리를 듣고 황급히 회군하였다는 곳이다. 마을로 오르는 콘크리트 길의 경사가 심해도 너무 심하다. 근육이 끊어질 듯 통증이 몰려온다. 우리 부부는 가파른 길을 단숨에 몰아쳐 마을 중간 쉼터에 앉아 수연과 지은을 기다렸다. 한참 만에 우리와 합류한 그녀들과 함께 발카를로스 마을의 슈퍼마켓Supermercado, 수페르메르카도에서 점심으로 오렌지, 사과, 빵을 샀다. 오렌지로 갈증을 메우고, 빵으로 허기를 채웠다.

가벼운 마음으로 출발했지만, 시간이 지날수록 다리는 천근만근, 마음은 서서히 조급해진다. 롤랑이 장렬히 전사했다는 론세스바예스가 빨리 나타나기만 기다렸다. 아름다운 샤를마뉴의 계곡Valle de Carlomagno 사이를 헤집고 흐르는 물길을 따라 걷고 또 걸었지만, 도무지 목적지가 어디인지……. 고개를 들어보면 피레네 정상은 아직도 멀기만 하다. 아내는 앞서 잘도 걷는다. 나도 아내를 따라 곧장 앞으로 치고 나가고 싶었다. 하지만 뒤에서 힘들게 사투를 벌이는 수연과 지은을 외면할 수 없었다. 아무도 없는 좁은 산길에서 그녀들을 돌봐줄 사람은 우리밖에 없었다. 가다 서기를 반복하며 그녀들이 우리와 합류하기를 계속 기

다려줬다. 이것이 문제였다. 뒤처진 일행을 기다리느라 걷
다 서다를 반복하다 보니 우리 부부의 리듬이 깨져 버린
것이다. 선두에서 걷던 아내는 물론이고 나도 이제 지쳐버
렸다. 걷기가 고역이다. 주변의 풍광을 감상하며 즐거운
마음으로 걷던 길이 이제는 고행길로 변해 버렸다. 조그만
성당이 있는 이바네타 Ibañeta 언덕 마루에 오르는 50미터의
계단이 5,000미터보다 길게 느껴졌다. 한걸음에 올라갈 것
같았던 계단을 오르는데도 쉬지 않을 수 없었으니 말이다.
그녀들도 긴 한숨을 쉬며 한두 차례 쉬었다 올라온다.

정상의 언덕, 이바네타에 올라서자 롤랑을 기리는 듯 조그만 성당이 아담한 모습을 자랑하고 있었다. 성당 옆에서 산 아래를 내려다보노라니 롤랑의 뿔나팔 소리가 아련하게 들려오는 것만 같았다. 하지만 롤랑의 뿔나팔 소리는 아니다, 이따금 차갑게 몰아치는 바람 소리가 귓전을 스쳐 지나갈 뿐.

프랑크 왕국의 샤를마뉴는 무어인이 통치하던 사라고사Zaragoza를 정벌하기 위해 두 차례 출병했다. 하지만 제대로 뜻을 이루지 못하고 사라고사의 총독 알-아라비에게서 명목상의 복종만을 약속받은 뒤 군사를 돌려 피레네 산맥을 넘는다. 이때 브르타뉴Bretagne 변경 지역의 책

발카를로스 루트 정상 언덕에 있는
이바네타의 조그만 성당

임자로 샤를마뉴의 외조카였던 롤랑도 원정에 참여하고 있었다. 롤랑은 철군하는 부대의 뒤를 방어하는 후위대를 지휘하였다. 샤를마뉴의 대군이 피레네 산맥을 넘어가고 있을 즈음 뒤에 남은 롤랑의 부대는 론세스바예스의 좁은 길에서 바스크족Basques의 공격을 받아 전멸하고 만다. 바스크족은 프랑크군의 마차를 약탈하고 산속으로 숨어버렸다. 샤를마뉴가 군대를 되돌렸을 때는 이미 전투가 끝난 뒤였다. 이날이 서기 778년 8월 15일이었다. 롱스보 길목 전투Battle of Roncevaux Pass로 유명한 론세스바예스 전투는 비록 패배로 끝났지만, 300여 년 뒤 이슬람 세력에 대항하는 문학작품의 좋은 소재가 되었다. 현존하는 프랑스 기사騎士 문학작품 중 가장 오래된 서사시「롤랑의 노래La Chanson de Roland」가 바로 그것이다. 11세기 말에서 12세기 초, 십자군 전쟁이 가장 활발히 전개되던 당시의 시대적 상황은 이슬람 세력에 대항하는 영웅이 필요했다. 결과적으로 롤랑은 이슬람 세력인 무어인들과 혈투를 벌이다 장렬히 전사한 영웅적인 희생자로 승화된다. 롤랑의 부대를 기습한 바스크족이 이슬람 세력인 무어인으로 바뀌었을 뿐, 날짜와 장소를 같이하는 이 한 편의 문학작품은 세계사에 결정적인 영향을 끼친다.「롤랑의 노래」는 십자군 운동과 맥락을 같이하는 시대적 조류에 편승하여 유럽 전역으로 퍼져 나갔다.

프랑크 왕국의 샤를마뉴는 사라고사를 제외한 에스파냐 남부의 이슬람 세력을 정복했다. 그러자 사라고사의 마르실리오 왕이 프랑크 왕국의 샤를마뉴에게 항복을 자청하고, 샤를마뉴의 충신 롤랑은 거짓 항복이라며 항복을 받아들이지 말 것을 간청했다. 하지만 배신자 가늘롱에게 속은 샤를마뉴는 사라고사의 항복을 받아들여 군대를 되돌린다. 그는 피레네 산맥을 넘어가며 후미를 롤랑과 12명의 기사단 팔라딘Paladin에게 맡겼다. 배신자 가늘롱은 롤랑의 의붓아버지로서 샤를마뉴의 신임을 받는 늠름한 기사 롤랑을 시기하였다. 결국, 가늘롱은 이슬람 세력인 마르실리오 왕과 결탁하여 후위 부대로 남은 롤랑을 기습하도록 한 것이다. 불시에 기습을 당한 롤랑은 팔라딘의 일원인 올리비에가 뿔나팔을 불어 샤를마뉴의 본진에 이를 알려야 한다는 충고를 거절한다. 그리고 기사로서의 명예를 중요시한 나머지 12명의 기사와 더불어 끝까지 싸운다. 롤랑은 병사 대부분을 잃고 마지막 순간에 이르러서야 뿔나팔을 길게 불어 구원신호를 보내고 전사한다. 뿔나팔 소리가 피레네 산맥을 타고 길게 메아리쳤다. 샤를마뉴는 아득히 멀리서 들려오는 나팔 소리를 듣고 즉시 회군한다. 그리고 이슬람 세력을 격파하고 사라고사를 정복하여 마르실리오 왕을 죽인 다음 배신자 가늘롱을 처형한다.

— 롤랑의 노래 요약

사라고사 원정 이외에도 샤를마뉴가 중세 가톨릭에 끼친 영향은 지대하다. 론세스바예스 전투 이후 20여 년이 흐른 799년 교황 레오 3세재위 795~816는 샤를마뉴에게 피신해 온다. 하드리아노 1세Hadrianus I 서거 이후 교황이 된 레오 3세는 성 마르코 축일 행진 도중 자신을 반대하던 로마교회 관료에게 납치되어 혀가 잘리는 등의 중상을 입고 가까스로 탈출한 것이다. 샤를마뉴는 서기 800년 11월 교황 레오 3세와 함께 로마로 입성한다. 레오 3세는 샤를마뉴가 소집한 회의에서 12월 23일 공적으로 자신의 결백을 밝히고 명실공히 교황으로서 역할을 한다. 그는 다음 날 성 베드로 성당에서 거행된 성탄절 미사에서 샤를마뉴에게 신성로마제국 황제의 왕관을 씌워주었다. 이로써 로마 교황청은 동로마(비잔틴)제국에 의존하지 않아도 이교도들로부터 가톨릭교회를 지켜줄 만한 든든한 후원자를 찾은 것이다.

샤를마뉴 역시 교회의 영적인 권위를 이용하여 자신의 권력을 강화하고 옛 서로마제국의 영광을 구가할 수 있었기 때문에 초대 신성로마제국의 황제가 되기를 원했다. 그 후 그는 가톨릭과 밀접한 관계를 유지한다. 신성로마제국 황제 직위는 1806년 나폴레옹이 폐기할 때까지 지속된다. 한편 샤를마뉴 사후 254년이 흐른 1054년, 신성로마제국은 교회가 동·서로 분리되는 요인 중 하나가 되었다. 다시 말하자면 동로마 제국을 중심으로 교세를 확립한 정교회와 신성로마제국을 영향권에 둔 가톨릭으로 분열된 것이다.

정상에 도달했으니 일단 고비는 넘겼다. 내려가는 아스팔트 길옆에는 얼레지 꽃이 활짝 피어 눈을 즐겁게 한다. 여기저기 숨어있는 들꽃들을 바라보며 지은에게 얼레지 꽃과 그리스 신화에 얽힌 이야기를 해 주면서 그녀의 피로감이 완화되기를 원했다. 왼쪽으로 갑자기 큰 성당과 수도원이 나타난다. 이곳이 론세스바예스란다. 알베르게에 도착하니 오

후 4시 30분이 넘었다. 족히 200여 명을 수용할 수 있을 것 같은 알베르게는 최근 새롭게 보수한 탓에 깨끗하였다. 사람마다 9유로를 받고 크레덴시알에 세요Sello, 스탬프를 찍어준다. 산티아고 가는 길카미노 데 산티아고을 걷는 순례자들은 알베르게, 바르, 성당 등에서 세요를 받아야 한다. 그래야 나중에 순례 증명서를 발급받을 때 어느 도시를 지나쳐 얼마의 거리를 순례했는지 증명할 수 있기 때문이다. 내부는 2층으로 된 침대가 두 개씩 마주 보며 배열돼 있었다. 다급하게 샤워를 마치고 인근 식당에서 순례자 메뉴Menu del Peregrino로 만찬을 했으나 여유롭게 즐길 시간이 없었다. 800여 년 동안 순례자를 위한 미사를 지속한 산타마리아 성당에서 8시 미사에 참례해야 했기 때문이다.

4명의 사제가 번갈아 가며 독서와 강론, 그리고 성체성사를 모셨다. 에스파냐에서의 미사는 성체성사 때 모든 신도가 무릎을 꿇었으며, 일어서 있을 때에도 신도들이 두 손을 가슴에 모으지 않는 점이 우리와 사뭇 달랐다. 미사가 끝나자 모든 순례자는 제단 앞으로 불려 나가 "신의 가호 아래 용감하게 떠나라"는 사제의 축복을 받았다. 드디어 산티아고 순례 길에 들어섰음이 실감 났다.

산타마리아 성당에서 개최된
순례자들을 위한 미사

린소아인

산티아고
순 례 길

Montede Alduide
론세스바예스
Roncesvalles
부르게테
Burguete
에스피날
Espinal
비스카렛
Biscarret
Embalse de Eugi
Eugi
린소아인
Linzoain
Villanueva de Arce
Erro
수비리
Zubiri
4.13(토)
순례 2일차
론세스바예스   2.5km
부르게테
4km   에스피날   5km   비스카렛
10km   수비리
린소아인   ∴21.5km
힘들어도
너무 힘들다

힘들어도
너무 힘들다

　　　　세면장과 화장실을 오가는 사람들의 소리가 자꾸만 귀에 거슬려 도저히 침대에 누워 있을 수 없다. 슬그머니 눈을 뜨고 시계를 쳐다보니 아직 6시가 되지 않았다. 남들보다 먼저 출발하여 조금이라도 더 걸으려는 사람들. 도시에서 살았던 습성이 이곳까지 따라온 것 같았다. 왜 그리도 성급한지……. 모처럼 무한 속도경쟁에서 벗어나 시간을 계산하지 않는 느림의 미학을 경험하면서 천천히 걸어보는 것도 좋지 않을까? 나는 어느 때보다도 천천히 아침을 준비하였다.

　　모락모락 피어오르는 안갯속을 헤집고 또각또각 소리를 내며 등산용 스틱을 앞뒤로 힘차게 내저었다. 아내는 서울에서 스틱을 준비해 갔으나 나는 체력에 자신이 있던 터라 스틱을 준비하지 않았었다. 하지만 어제 피레네 산맥을 넘으며 한계에 부딪쳤다. 결국, 론세스바예스의 알베르게에서 24유로를 주고 등산용 스틱 2개를 장만했다. 스틱을 사용해 보니 걷는 것이 한결 부드럽다. 차가운 새벽공기가 머리를 맑게 해준다. 생장을 출발할 때 8명이었던 한국인은 이제 우리 부부와 수연까지 3명뿐이다. 지은이가 오랫동안 짐을 맡아줄 민박집으로 여행 가방을 보내려고 뒤처졌기 때문이다. 여러 순례자들은 도시에서 맛보지 못했던 상쾌한 공기를 음미하며 아기자기한 징검다리에서 추억 만들기에 분주하다. 피레네 산맥의 아랫자락에서 서쪽으로 뻗어있는 오솔길은 폭이 좁고 나무가 많았

부르게테 마을의
산 니콜라스 성당

다. 하늘을 가리던 나뭇가지가 듬성듬성해질 무렵 작은 오르막길이 나왔다. 어제 피레네에서 오르막길을 걷느라 너무 고생한 탓에 오르막만 보면 지레 겁부터 났다. 하지만 오르막이 있으면 내리막이 있고, 내리막이 있으면 오르막도 있게 마련. 그동안 살아온 우리 인생이 그러하듯이 말이다.

부르게테Burguete 마을에 들어서기 전 조그만 슈퍼마켓이 보였다. 아직 이른 새벽인데도 불이 환하게 켜져 있는 걸 보니 벌써 영업을 하고 있나 보다. 우리는 아무 생각 없이 그냥 지나쳐 버렸다. 그곳에서 먹을거리를 준비하지 못한 탓에 우리는 아침 식사 시간을 훨씬 넘길 때까지 아무것도 먹지 못했다. 중세로 시간이동을 한 것 같은 고풍스러운 마을 부르게테. 어네스트 헤밍웨이가 그의 대표작『태양은 다시 떠오른다The Sun also Rises』를 집필했던 도시답게 조용하고 신비롭다. 우리 등 뒤로 태양이 다시 떠오르고 있었다. 길 양쪽 조그마한 수로를 따라 물이 힘차게 흘러가고 있다. 가슴이 더욱 시원해진다. 앞서 가던 순례자들이 산 니콜라스 성당을 지나쳤는데도 계속 앞으로 걸어갔다. 우리는 그들을 따라 계속 걸었다. 그런데 1킬로미터 정도를 걸어가던 순례자들이 되돌아오면서 길을 잘못 들었다고 말한다. 갔다 되돌아오느라 거의 2킬로미터를 손해 봤다. 성당을 지나쳐 오른쪽으로 꺾었어야 했는데…….

너른 들판에 펼쳐진 목장을 가로지를 때는 가축들의 출입문을 닫아주는 예의를 잊지 않았다. 우리가 개인 소유의 오솔길을 걷고 있으니 가축들이 도망치지 않도록 문을 닫아줘야 하는 것은 기본 예의다. 산골 마을 에스피날Espinal의 샘터에서 물을 마시고 수연이 가지고 있던 초콜릿으로 일단 허기를 메워보지만 배고픔은 여전했다. 아름다운 계곡마을의 중앙도로에 들어서자 모던modern 하면서도 웅장한 산 바르톨로메 성당을 보고 아내가 감탄한다. 중세풍의 고전적인 성당을 기대했던 나로서는 실망이다. 중세 순례길에 당연히 고풍스러운 건물이 있어야 한다는 나의 믿음이 깨지는 순간이었다. 실망이 클수록 허기도 심해지는가 보다. 도로 옆 바르Bar에 앉아 카페 콘 레체Cafe con leche, 우유를 넣은 커피 한 잔과 보카디요Bocadillo, 바게트 샌드위치로 뒤늦은 아침식사를 했다. 금강산도 식후경 아니던가! 바르 주인에게 이곳이 어딘지를 묻자 에스피날이라고 한다. 지금까지 걸은 거리로 봐서 우리가 최소한 비스카렛에 있는 줄 알았는데 고작 여기밖에 오지 못했단 말인가.

조그마한 가축들의 출입문을 여닫으며 산과 들을 가로질

산 바르톨로메
성당

렸다. 이번에서 아내가 제일 앞서서 걷고 수연과 내가 뒤
에서 걷는다. 난 이곳저곳 사진을 찍으며 가느라 뒤처졌다
가 다시 따라붙기를 반복했다. 만나는 사람마다 다들 "부
엔 카미노Buen Camino, 좋은 길 되세
요"를 외쳐대며 손을 흔든다. 하지
만 난 이미 다리가 풀린 상태라 두
단어도 길었다. 그래서 한 단어인
"올라Hola! 안녕"로 대답하고 웃어
줬다. 핀란드에서 왔다는 모녀가

가축들의
출입문

나란히 걷는 모습이 정겨워 카메라를 들이대니 웃어준다. 하지만 무거운 배낭을 짊어지고 피레네를 넘어온 모녀의 미소는 미소가 아니었다. 힘겨운 모습이 잔뜩 묻어나는 표정에 억지 미소를 지으니 저절로 웃음이 난다. 전형적인 농촌 마을인 비스카렛Biscarret은 순례자 숙소가 활황을 맞아 상당히 큰 마을로 발전했었다. 하지만 론세스바예스에 대규모 숙소가 생긴 이후 급격히 쇠퇴했다고 한다. 발바닥이 불이 나는 듯 뜨겁고 아파져 오기 시작했다. 마을을 구경할 엄두가 나지 않는다. 벌써 정오를 훨씬 넘겼다. 뜨거운 태양이 목덜미에 내리쬔다. 오르막과 내리막을 연거푸 걸었다. 정말이지 오르막은 이제 싫다. 생장의 순례자협회 사무실에서 나눠준 고도계 그래프를 연신 꺼내보며 오르막을 점검해 봤다.

린소아인Linzoain의 마을 놀이터에 앉아 바나나로 허기를 채웠다. 시원한 바람이 더위를 식혀주지만, 피곤함이 계속 엄습해 왔다. 내가 이 정도로 피곤한데 아내의 피곤함은 어떨까? 주민들이 허름한 샘가에 차를 세워놓고 세차를 하고 있었다. 나는 그 물을 퍼서 벌컥벌컥 마셔버렸다. 마을주민이 안쓰러운 듯 물끄러미 바라본다. 갈증을 없애 한숨 돌렸나 싶었는데 다시 가파른 언덕길이 눈앞에 펼쳐졌다. '허억! 저길 언제 올라가지?' 언덕에 오르면 다시 내려가지 않았으면 좋겠다. 올라가면 내려가야 하고 내려가면 다시 올라가야 하니 정말 싫다. 국도와 교차하는 언덕의 정상에 스낵바 차량이 주차하고 있었다. 왜 이리도 반가운지! 우리는 머핀, 사과, 콜라를 사서 길가에 아무렇게나 털썩 주저앉아 소박하고 초라한 오찬을 즐겼다. 앞으로는 언덕길이 없었으면 좋겠다는 나의 바람이 무참히도 깨져버렸다. 또다시 오르막과 내리막이 이어진다. 오후 3시 30분쯤 되었을까 싶었다. 숲 너머로 마을이 보였다.

"수비리! 수비리다!" 나도 모르게 크게 외쳐댔다. 아내가 마을 입구 간판에서 수비리를 확인하고 라비아 다리_{Puente de la Rabia}를 건넜다. 공수병에 걸린 사람이 이 다리를 건너면 낫는다는 전설이 전해지는 아름다운 다리다. 하지만 전설과 풍광에 신경 쓸 여력이 남아있지 않았다. 그저 쉬고 싶을 뿐이었다. 그때 반가운 얼굴이 우리를 기다리고 있었다. 솔이가 다리 입구에 앉아 지은이를 기다리고 있었다. 첫날에 같이 출발했는데

라비아 다리

여기서 다시 만났다. 그녀는 피레네 산맥을 오르는데 일행들이 모두 먼저 가버려 혼자 뒤에 남아 두려웠다고 한다. 우리 일행이 뒤따라오는 줄도 모르고, 마시지 말라는 경고판도 무시한 채 길가의 샘물을 떠 마시고, 죽기 살기로 앞선 일행들을 쫓아갔다는 것이다. 그녀는 피레네 산맥을 혼자 걸으면서 카미노는 결코 누구에게 의지할 수 없는 스스로 헤쳐나가야 할 길이라는 사실을 깨달은 것 같았다. 나는 이틀을 더 걸은 뒤에야 그 사실을 깨달았으니 무뎌도 한참 무디다.

무릎보호대가 오른쪽 오금의 인대를 눌러 아파져 오기 시작했다. 게다가 왼쪽 어깨를 파고드는 배낭끈은 자꾸만 어깨를 움츠리게 만들었다. 인근에 값싸고 시설 좋은 공립 알베르게가 있다는 소리도 들었으나, 지쳐버린 우리 세 사람은 마을 초입에 있는 사설 알베르게로 무작정 들어갔다. 핀란드 모녀도 1미터도 더 걸어가기 힘들다며 우리와 같은 알베르게에 묵고 싶어 했다. 하지만 침대가 고작 20개뿐이라 벌써 사람이 다 차버렸다. 핀란드 모녀는 다른 곳을 찾아야 했다. 발을 질질 끌다시피 걸어가는 모녀의 뒷모습을 바라보니, 마음이 무거웠다. 10유로를 내자 순례자 여권에 세요를 찍어준 뒤 침대를 배정해 준다. 온통 땀에 젖은 옷을 세탁하고 건조하기 위해 6유

로를 추가로 냈다. 나중에 계산해 보니 우리가 전혀 예상
하지 못했던 지출요인이 바로 세탁비와 건조비였다.

중세의 요새로 사용된 바 있던 산 에스테반 성당을 찾
아갔다. 성당 앞 게시판을 자세히 살펴보니 6시부터 미사
가 시작된다고 쓰여 있다. 한국인으로서는 우리 부부와 캐

나다 교민 부부 그리고 서울에서 온 연주가 전부였다. 연주는 우리에게 인사를 하며 오늘 지은이와 함께 걸어오면서 우리 부부 얘기를 들었다고 한다. 그리고 지은이가 무려 5시간 동안 코피를 흘리며 걸었다는 이야기도 해줬다. 우리는 연주에게 "7시까지 지은이가 바르로 왔으면 좋겠다"는 말을 전해달라는 부탁을 잊지 않았다.

저녁 7시 우리 부부, 수연, 지은이가 함께 바르에 앉았다. 이틀 동안 걸었던 이야기가 주류를 이루었다. 화제의 톱은 단연 지은이의 코피 사건이었다. 아예 코에 화장지를 꽂고 걸었단다. 순례자 메뉴는 수프, 마카로니, 파스타, 샐러드 중에서 한 가지를 선택하고, 주메뉴로는 닭고기, 돼지고기 등의 스테이크류 중 하나, 마지막으로 요구르트 등의 디저트가 나온다. 여기에 와인 1병이 필수로 따라 나온다. 가격은 대략 9유로나 10유로인데 비교적 많이 먹는 나로서도 배부르게 먹을 수 있었다. 저녁 10시가 되면 알베르게의 불이 꺼지고 문이 닫힌다. 우리는 9시경 식사를 마치고 다음 여정을 준비하기 위해 침대로 되돌아갔다. 곤하게 잠에 빠진 내가 너무 피곤했던 탓에 갑자기 비명을 질렀다. 스스로 놀라 잠에서 깨어 주변을 둘러보니 아무도 내 비명을 듣지 못한 것 같았다. 힘들어도 너무 힘들었나 보다. 다들 코를 골며 깊은 잠에 빠져있었다. 나도 다시 잠에 빠졌다.

Erro
Burutain
Ostitz
수비리
Zubiri
라라소냐
Larrasoaña
아케레타
Akerreta
수리아인
Zuriain
Sarasa
Sorauren
이로츠
Irotz
트리니닷 데 아레
Trinidad de arre
부를라다
Burlada
Arazuri
팜플로나
Pamplona
Ardanaz de
Egüés
4.14(일)
순례 3일차
수비리   5km
라라소냐
1km
아케레타   11km   트리니닷 데 아레   4.5km   팜플로나
수리아인/이츠로   부를라다   ∴21.5km

삶은 순례의 여정이다

삶은 순례의
여정이다

이른 아침 우리 부부가 출발하자 수연이 따라 나선다. 우리는 어제 건너왔던 다리를 건너 우측으로 방향을 틀었다. 군데군데 널따란 초지가 펼쳐져 있고 말들이 한가로이 뛰놀며 풀을 뜯고 있었다. 하얀 조팝나무 꽃길이 시원한 새벽공기와 더불어 하얀색 향연을 펼친다. 오랜 시간 낭만에 젖어들었다. 앞에선 솔이가 홀로 걷고 있었다. 간간이 대화를 나누다 우리 일행이 먼저 라라소냐_{Larrasoaña}에 도착했다. 라라소냐의 마을로 들어갈 필요 없이 그냥 지나치면 되지만 아침 식사가 문제였다. 하지만 일요일이라 문을 연 카페테리아_{Cafetería}나 바르가 있을 턱이 없다. 아름다운 아치로 이뤄진 중세의 석조다리 난간에 기대어 잠깐의 휴식을 취했다. 14세기경 두 무리의 도적들이 순례자들의 주머니를 털어대던 일명 '도둑들의 다리'다. 미리 준비해둔 약간의 빵과 과일을 믿고 우리는 바르에서의 아침 식사를 포기했다.

고풍스러운 집 몇 채 밖에 없는 고요한 정적이 흐르는 곳, 이곳에 호텔도 있다. 옛날 왕실의 영지였던 아케레타_{Akerreta} 마을이라는데 마을치고는 너무 작다. 마을 끝에 있는 조그마한 쪽문을 열고 힘차게 흐르는 아르가 강물을 따라 전진했다. 세찬 강물을 옆에 끼고 가노라니 시원한 물에 풍덩 빠져들고 싶은 충동을 느꼈다. 어제 미리 준비해 둔 과일과 빵으로 아침 식사를 하기 위해 순례길 옆 풀밭에 자리를 펴고 앉았다. 강가의

아르가 강을 따라가는 순례길

습한 시원함과 어우러진 조찬은 지상 최고의 향연으로 표현해도 좋을 정
도로 맛있었다. 그때야 솔이가 우리를 지나쳐 걸어간다. 쉬다 가라고 했
지만 솔이의 표정은 마치 출병하는 기사와 같이 단호했다. 그냥 자신만
의 속도로 걷겠다는 것이다. 그 누구도 의지하지 않고, 인생에 비유되는
순례길을 혼자서 가겠다는 의지 표명이 아닌가. 그녀는 '카미노는 함께
가면서도 혼자 걷는 길'이라는 의미를 깨달은 것 같았다. 그녀는 철저히
혼자가 된 듯했다. 그 뒤 우리는 솔이를 다시 보지 못했다.

아내는 새끼발가락에 물집이 잡혀 고통스럽다며 천천히 걷는 것보다
빨리 가서 쉬자며 종종걸음으로 앞서 나갔다. 숲을 벗어나 이로츠_{Irotz} 마
을로 들어서자 길옆에 바르가 나타났다. 아내가 바르에서 쉬면서 우리
를 기다리고 있을 것으로 예상했지만, 아내는 쏜살같이 그냥 통과해 버
린 뒤였다. 때마침 화장실이 가고 싶었는데 바르가 나타나 잘 됐다 싶었
다. 수연은 커피 한잔 하겠다고 했다. 볼 일을 마치고 나오자 캐나다 교

민 부부가 들어온다. 70대의 노부부는 기념사진을 찍어달라며 우리에게 말을 걸어왔다. 서둘러 아내에게 합류해야 할 발걸음이 지체된다. 하지만 인생 후반기에 부부가 함께하는 순례가 아름답게 보여 모른 체할 수 없었다. 그런데 앞서 가던 아내가 시야에서 완전히 사라져버렸다. 이로츠를 벗어나 강변 공원을 지났다. 주택 서너 채가 나오고 그곳에서 좌우로 길이 갈라진다. 다음 마을까지 우측으로 가면 11킬로미터, 좌측은 9킬로미터라는데 지도가 없는 아내가 어느 쪽으로 갔겠는가? 적당한 곳의 그늘에서 우리를 기다리고 있으려니 생각했었는데……, 어디로 간 걸까? 갈림길에서 한참을 서 있었다. 독자적으로 혼자 가버린 아내가 야속하지만, 두 길 중에서 하나를 선택해야 했다. 나와 수연은 거리가 짧은 좌측으로 돌아갔다. 걷는 내내 나는 수연의 리듬에 맞춰 그녀를 뒤에서 밀고 가듯 걸었다. 유독 키가 작은 그녀의 보폭을 뒤에서 계산하기 시작했다. 그녀가 세 걸음을 걸으면 나는 두 걸음 정도 걸었다. 그녀와 속도를 맞추려니 어기적거리며 천천히 걸을 수밖에 없었다. 이러한 나의 걸음은 리듬감을 완전히 상실했다. 지쳐도 너무 지쳐갔다. 뜨거운 햇살 아래 어떻게 걸었는지 생각조차 나지 않았다.

산 중턱을 따라 펼쳐진 길을 걸으면서 아내 걱정이 이만저만이 아니었다. 그러다가 그냥 화가 치밀었다. 그때 아레Arre 입구의 트리니닷 다리 근처 강변 벤치에 앉아있던 아내가 우리를 부른다. 안도의 숨을 내 쉬었지만, 아내가 먼저 가버린 데 화가 나 멀찍이 떨어져 앉았다. 아내도 나름대로 이유가 있었다. 양쪽 새끼발가락에 물집이 잡혀 빨리 알베르게에 도착해 쉬어야 하는데, 남편이라는 작자는 아내는 놔두고 다른 여자를 데려오기 위해 그쪽에 보조를 맞추니 화가 났다는 것이다. 나는 "카미노는 혼자이면서도 함께 가는 길인데 어찌 잘 걷지 못하는 사람을 놔두고 나만 먼저 갈 수 있느냐"며 아내를 달랬다. 하지만 나는 카미노가 함께 가면서도 혼자 걷는 길이라는 사실을 잊고 있었다.

아내 걱정에 목이 탔던 터라 티엔다Tienda, 구멍가게에서 콜라를 사 벌컥벌컥 마시며 길을 걸어갔다. 아레의 길거리는 연리지 나무가 터널처럼 연결되어 지나가는 순례자들을 반겼다. 가지를 순수하게 붙인 게 아니라 인공적으로 연결한게 점이 좀 아쉽기는 하지만, 두 나무가 한몸이 된다는 것이 인간 부부와 별반 다를 바 없었다. 발을 질질 끌며 아레와 구분되지 않을 정도로 바짝 붙어있는 부를라다Burlada 시가지를 통과했다. 중세에 건설된 막달레나 다리가 웅장한 자태로 고풍스러운 모습을 그대로 간직하고 있었다. 힘차게 흐르는 강물을 교각 아치로 감싸 안은 듯한 포근함이 느껴진다. 아직도 중세풍의 모습을 고스란히 간직한 다리가 내 마음에 쏙 들어왔다.

아르가 강을 건넜으니 이제 팜플로나_{Pamplona} 이다. 어
떠한 포화에도 무너지지 않을 웅장한 성벽이 눈앞에 펼쳐
졌다. 거대한 성벽 사이로 서서히 진입하자 일명 프랑스

팜플로나의 성벽 안으로 진입하는 길

팜플로나 건물 사이를 지나는 순례길

산티아고
순 례 길

문이 우리를 반긴다. 16세기 펠리페 2세가 건설한 이 성은 역사상 단 한 발의 총성도 없이 단 한 차례 함락된 전력이 있는 곳이다. 1808년 2월 18일 에스파냐로 진군한 나폴레옹 군대는 팜플로나의 성벽에 직면하자 더는 진군할 수 없었다. 눈이 내리던 어느 날, 프랑스군은 성문을 열게 할 계책을 생각해 냈다.

에스파냐 군대는 눈 쌓인 성벽 밖에서 천진난만하게 눈싸움을 하며 놀고 있는 프랑스군의 모습을 지켜보고 있었다. 그러다 에스파냐군이 프랑스군과 눈싸움을 같이 하려고 성문을 열어젖히고 밖으로 나간 순간, 프랑스군은 눈 속에 숨겨놨던 무기를 꺼내 에스파냐군의 항복을 받아내고 무혈 입성했다. 참으로 순진한 에스파냐 군대다.

나폴레옹의 프랑스군이 입성한 프랑스 문을 통과하자마자 도시의 건물들이 빼곡히 들어차 있는 도시의 풍경이 펼쳐졌다. 집들의 홍수 속에서 어떻게 순례자 숙소인 알베르게를 찾아낸담? 하지만 팜플로나 대성당 앞으로 돌아가자 눈에 잘 띄지 않는 골목 언저리에 공립 알베르게가 보였다. 도시의 세련된 사람들이 늦은 오후의 휴일을 즐기느라 노천카페에서 맥주를 기울인다. 과거 나바라 Navara 왕국의 수도답게 고풍스러운 집도 많고 사람도 많았다. 현재도 나바라 주의 주도라 한다.

서기 711년 무어인들이 이베리아 반도를 침입하여 단 7년 만에 북서부 산악지대인 아스투리아스 지역을 제외한 모든 반도를 정복해 버렸다. 험악한 북서부의 산악지대를 중심으로 718년 아스투리아스 왕국이 세워진 이래 아스투리아스는 레온, 카스티야 등으로 분열되었다. 이때 팜플로나 왕국이란 이름으로 출발한 나바라 왕국의 산초 3세는 1034년 카스티야, 아라곤, 레온을 통합하여 이베리아 반도 북부를 통일했다. 그러나 그의 사후 아들들에 의해 나바라, 카스티야, 아라곤 등으로 분할 통치되었다. 나바라를 물려받은 첫째 아들은 화려했던 영화를 지켜내지 못하고 나바라 왕국을 피레네 산맥의 소국으로 전락시키고 말았다. 그 후 12세기부터는 카스티야·레온, 아라곤, 나바라, 포르투갈 왕국으로 나누어 졌지만, 왕국 사이에 무어인을 몰아내야 한다는 의식은 여전히 변하지 않았다.

팜플로나는 융성했던 과거의 영화를 아는지 모르는지 고풍스러움을 여전히 간직한 채 순례자들에게 친숙히 다가왔다.

우리 부부는 슈퍼마켓에 들러 쌀을 구매해 알베르게의 주방에서 한국식 식사를 했다. 미리 준비해간 사골국을 끓여 김과 곁들이니 천상천하 부러울 게 없다.

아내는 1층, 나는 2층 침대를 배정받았는데 우리 옆에 72세의 캐나다인이 39세의 딸과 함께 순례를 하고 있었다. 그는 퀘벡주 출신이라 영어를 한마디도 못했다. 캐나다 퀘벡주는 프랑스어를 쓴다. 결국, 딸이 통역해 줬다. 그는 이번이 4번째 순례라고 했다. 첫 번째는 주변풍광을 보았고_{see}, 두 번째는 다른 사람들 삶의 이야기를 들었고_{listen}, 세 번째는 자신만의 생각에 잠겨_{think} 걸었으며, 이번 순례는 삶과 죽음을 이해_{understand}

팜플로나 대성당

해 보려 한다고 말한다. 언젠가는 닥쳐올 죽음을 예견하고 있는 것 같았다. 그렇기에 그동안 혼자 다녔던 순례길에 딸을 데리고 왔는지도 모른다. 그의 말이 단순한 것 같지만 새겨볼수록 숙연해졌다. 사실 나도 중세 기독교관에 기초하여, 순례의 여정을 삶의 축소판으로 여기며 순례를 하고 있지 않은가.

중세 사람들은 세상을 천사로 대변되는 선善과 마귀의 유혹이 같이 있는 악惡 사이의 전쟁터로 보았다. 중세 교회도 성사를 통해 그리스도의 신비를 전례 안에서 거행하며, 지상의 삶에서 천국에 이르는 일종의 순례 여정으로 표현하였다. 이러한 중세의 시대적 조류에 편승하여 중세 기독교도들은 세상에서의 삶을 순례의 한 과정으로 보았을 가능성이 높다. 그들은 야고보 성인의 기적이 당시 사람들에 의해 부풀려지고 과장되었을지라도 추호의 의심도 없이 그대로 믿었다. 이곳 팜플로나에서도 이러한 기적이 전해 내려온다.

교황 칼리스투스Callistus가 전한 이야기를 야코부스Jacobus 사제가 1260년경 '황금 전설'에 기록한 내용이다. 서기 1100년경 어떤 프랑스인 부부가 아이들을 데리고 산티아고 순례길에 올랐다. 당시 순례는 불확실성이 높아 생사를 장담하기 어려웠다. 산자락에서는 강도들이, 평범한 마을에서는 도둑들이 기승을 부렸기 때문이다. 이들 프랑스인 가족이 팜플로나에 도착했을 때 전혀 예상치 못했던 일이 발생했다. 갑자기 부인이 죽은 것이다. 게다가 여관집 주인은 그들의 순례비용은 물론 아이들

과 짐을 싣고 가던 노새까지 훔쳐갔다. 남자는 부인을 잃은 슬픔에 젖어 한동안 정신을 차리지 못하다가 다시 순례를 계속하기로 하였다. 그는 한 아이의 손을 잡고, 다른 아이를 등에 업은 채 고행을 마다치 않았다. 아이들이 걷다 지쳐 기진맥진해 있던 바로 그때, 어떤 사람이 나귀를 끌고 지나치다 아이들이 측은했는지 나귀를 빌려주었다. 프랑스인 남자는 아이들을 나귀에 태웠다. 그들은 갖은 고초를 겪으면서도 산티아고 성당에 무사히 도착하여 무릎을 꿇었다. 그 프랑스인 남자가 성 야고보 무덤에서 간절히 기도하고 있을 때 야고보 성인이 발현하여 말했다. "나를 보아라. 내가 너에게 나귀를 빌려주었던 사람이다. 갈 때에도 나귀를 빌려줄 터이니 팜플로나의 여관집에 들러보아라. 여관집 주인은 지붕에서 떨어져 죽을 것이고 너는 그가 훔친 모든 물건을 되찾게 될 것이다." 그들이 돌아가는 길은 순조로웠고, 모든 일은 야고보 성인의 말씀대로 실현되었다. 그들이 다시 프랑스의 고향 집에 도착하여 아이들을 나귀의 등에서 내려놓자 나귀는 홀연히 사라져 버렸다.

중세의 일일지라도 여관 주인의 사기에 대한 불명예를 탈피하려는 듯 알베르게의 오스피탈레로Hospitalero, 남자 자원봉사자는 순례자들에게 유독 친절하다.

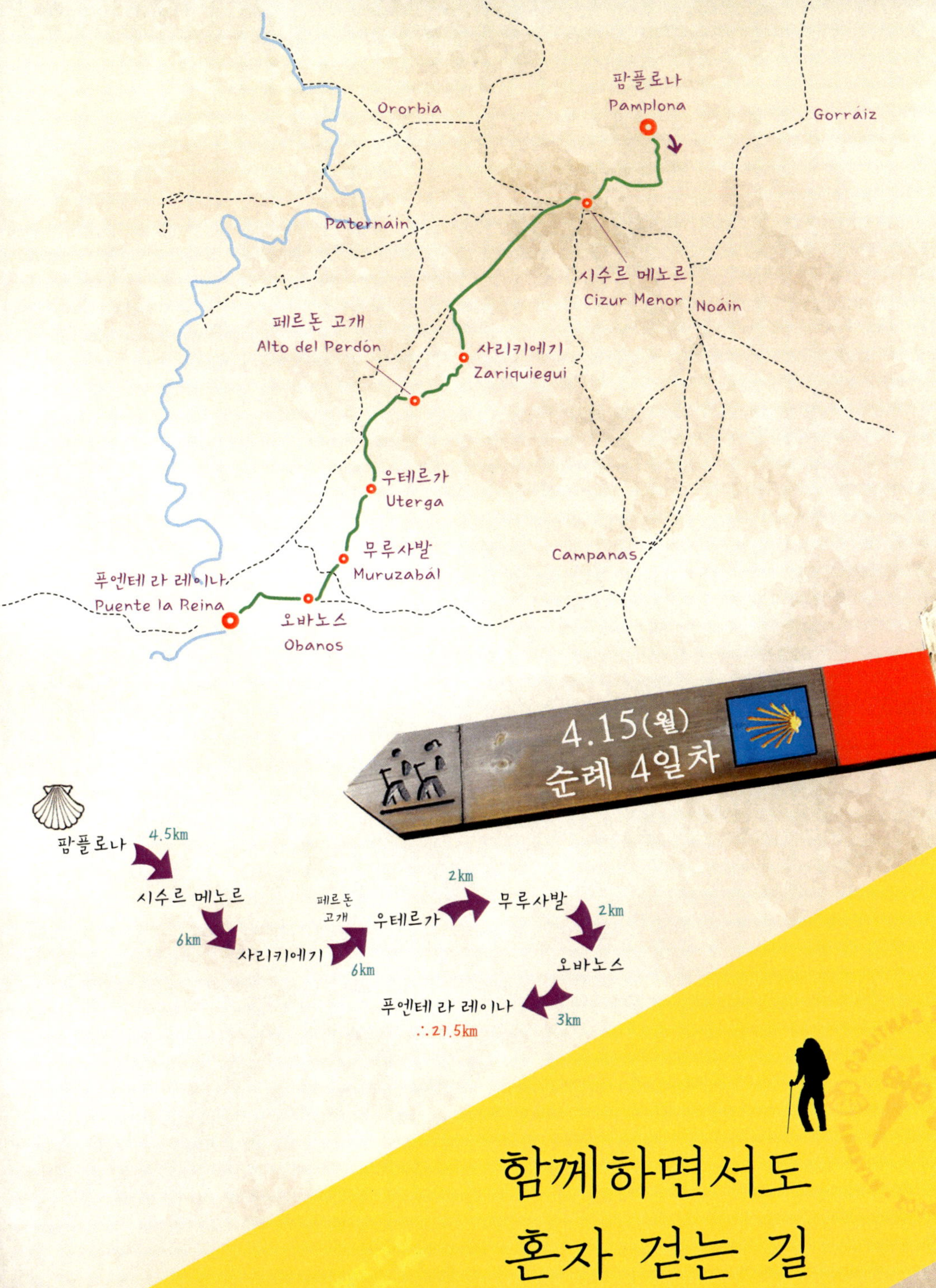

함께하면서도
혼자 걷는 길

함께하면서도
혼자 걷는 길

지난 3일 동안 사진을 찍느라 뒤처지기 일쑤였다. 그러다 보니 보조를 맞추러 종종걸음으로 걷기를 수도 없이 반복했다. 13킬로그램을 초과하는 배낭은 어깨를 짓눌렀고 무릎보호대는 오금의 힘줄을 압박해 오른쪽 다리가 제대로 굽혀지지 않았다. 무릎을 보호하려고 사용했던 무릎보호대는 애물단지가 되어버렸다. 우리는 결국 오늘 여정의 목적지에 있는 알베르게로 배낭을 보내기로 했다. 이른 새벽 아내의 물건을 내 배낭에 겹쳐 넣어 아내 배낭 무게를 획기적으로 줄였다. 그리고 알베르게 계산대에서 준 배달용 봉투 표지에 목적지를 적고 그 안에 7유로를 넣어 배낭끈에 매달아 계산대에 맡겼다. 그러면 우리가 떠나고 난 뒤 택배 차량이 배낭을 싣고 간다. 배낭은 정확히 봉투에 쓴 목적지의 알베르게로 배달된다. 물론 봉투 안의 7유로는 배달료다. 그렇게 배낭 1개를 맡겨놓고 홀가분한 마음으로 걸었다. 3일간 같이 걸었던 수연은 아침 7시가 되기 전에 먼저 출발했다. 나는 종교적인 순례와 더불어 대학인 순례를 같이하고 있었다. 그래서 순례길 주변에 있는 대학에 들러 세요를 받아야 했다. 수연은 새벽에 출발하고 우리는 8시 30분이 되어서야 알베르게를 나섰다. 이곳의 나바라 대학이 오전 9시가 되어야 문을 열 것으로 생각했기 때문이었다.

그동안 천천히 걷는 수연과 보속步速이 비슷한 사람은 없었다. 나와

아내가 우리만의 리듬에 따라 곧장 걸어갔다면 수연이 뒤에 혼자 남게
된다는 것은 명백한 일이었다. 이 순례길에서 그녀를 보호할 사람은 나
밖에 없는 것 같았다. 그러나 그녀와 속도를 맞춘다는 것이 말처럼 쉬운
일이 아니었다. 하지만 오늘은 그녀가 먼저 출발하겠다고 자청하고 나섰
다. 걱정스러웠지만 우리 부부만의 리듬으로 걸을 수 있다는 사실에 내
심 마음이 한결 가벼워졌다.

지금까지 거쳐 왔던 마을들은 우리나라의 동네 단위에 지나지 않았
다. 하지만 팜플로나는 과거 나바라 왕국의 수도답게 비교적 큰 규모의
도시였다. 한적한 공원을 지나 시원한 아침 공기를 폐부에 가득 채울 즈
음 콘크리트 고가도로 밑을 지나는 건널목이 나왔다. 나바라 대학 교정
에 들어가는 입구다. 순례길이 교정을 통과하니 찾기 쉬웠다. 대학 중앙
본부 현관건물 경비원은 순례자의 모습을 단번에 알아보고 세요를 꺼내
든다. 대학인 순례자를 위한 약도에는 왼쪽으로 더 진입하면 2개의 대학
이 더 있는 것으로 표시돼 있지만,
그곳에는 가지 않았다. 대학인순
례자협회에서 지정한 6개 도시에
서 대학 1곳 이상만 세요를 받으면
되니 괜히 더 걷느라 힘을 뺄 필요
가 없었기 때문이었다. 너무 쉽게
대학을 찾아서인지 발걸음이 가벼
웠다. 거대한 중세의 막달레나 다

나바라 대학 입구

리를 건너 입성했던 팜플로나를 아주 작은 다리를 건너 빠져나갔다. 다리와 다리 사이, 물과 물 사이에 도시가 들어선다는 사실은 새로운 일이 아니다. 이제 고작 4일째 걷고 있지만, 순례길 주변의 마을에는 물이 풍부했다. 흐르는 도랑물조차도 맑고 깨끗하여 그저 발을 담그고 푹 쉬었다가 걷고 싶은 생각이 자주 들 정도였다.

시수르 메노르Cizur Menor 마을은 구획정리가 잘 되어있고 깨끗하기 그지없다. 현대적 감각의 도시지만 전원적 느낌이 강하게 풍겨왔다. 마을 앞으로 곧게 뻗은 널따란 밀밭과 유채밭이 시원한 풍광을 드러낸다. 샤를마뉴가 이슬람 세력과 전투를 벌여 승리한 곳으로 알려진 시수르

시수르 메노르 마을을 지나 멀쳐진 너른 밀밭

메노르 평원, 이 평원을 중세의 순례자처럼 온전히 두 다리로만 걸어간다. 내리 3일을 걸은 순례자들은 오르막이라고 하면 경기驚氣를 한다. 우리 앞에 깔딱고개라는 페르돈Perdón 언덕이 나타나자 발바닥 걱정부터 앞선다. 아내는 새끼발가락에 물집이 잡혔다. 제대로 걸을 수 있을지 걱정했지만, 기우杞憂에 불과했다. 언덕을 오르기 전 우리는 사리키에기Zariquiegui 마을에서 음료수와 과일을 샀다. 감사하게도 에스파냐에는 오렌지가 흔한데, 오렌지는 갈증을 없애는데 적격이다. 다른 순례자들과 더불어 길가에 철퍼덕 주저앉아 언덕을 바라보며 오렌지와 사과로 갈증을 달랬다. 햇살이 따가웠다. 이 길이 지금은 세상에서 가장 안전한 길이지만, 중세에는 산적들이 출몰하던 위험한 언덕길이었다. 중세의 순례자들은 목숨을 담보로 한 위험도 마다치 않았다. 당시 신앙의 깊이는 지금과 비교할 수 없을 정도였기 때문이다. 12세기 성 요한 기사단은 시수르 메노르에 순례자 병원과 수도원을 세우고 페르돈 언덕의 도적 무리로부터 순례자들을 보호했다. 광활하게 펼쳐졌던 밀밭과 유채밭도 페르돈 언덕에 부딪히며 그 수명을 다한다.

배낭 없이 걷던 나는 아내의 배낭을 내가 짊어지려고 했지만, 내 무릎과 어깨를 걱정한 아내는 결코 배낭을 주지 않는다. 이미 무거운 짐은 빼냈으니 가볍단다. 하지만 그 마음을 모르는 내가 아니다. 서로 위하는 부부의 정이 묻어났다.

지난 3일 동안 너무 힘든 여정을 소화한지라 페르돈 언덕쯤은 대수롭지 않게 올랐다. 거대한 풍차와 순례자들의 모습을 형상화한 철 조각상

페르돈 언덕 위 순례자의 모습을 형상화한 철 조각상

이 우리를 반긴다. 하지만 철 조각상은 별것 아니었다. 언덕 아래의 모습들이 마치 바둑판을 펼쳐 놓은 듯 평평하고 장대하여 새처럼 그 위를 날아 사뿐히 내려앉고 싶을 정도다. 시야가 뻥 뚫렸다. 답답하던 가슴도 모처럼 후련하다. 시원한, 아니 차가운 바람이 불어온다. 바람막이 재킷을 입어보지만, 살갗에 와 닿는 차가움은 지울 수 없다. 페르돈 언덕! 에스파냐어로 'Perdón페르돈'은 '미안함과 죄송함'을 나타낸다. 이것은 죄송함에 대한 용서를 구하는 의미가 되기도 한다. 페르돈 언덕도 '순례자들이 죄의 미안함

과 죄송함으로 신께 용서를 빌고 또한 용서를 받는 언덕’
이라는 의미가 아닐까? 그때 한 노점상이 “Coreano꼬레아
노!” 하고 나를 부른다. 내가 한국인인 줄 어찌 알았느냐고
물었더니 순례길의 동양인은 대부분 ‘꼬레아노’란다. 그만
큼 산티아고 가는 길이 우리나라에서 인기라는 것을 증명
해 주는 것 같았다. 내리막길 주변에 온갖 들꽃이 우리를
반기고 있었다. 서둘러야 할 텐데 서두르기는커녕 꽃을 감
상하며 천천히 내려갔다.

　“빨리 걸으려면 혼자 걷고, 멀리 걸으려면 친구와 함께
천천히 가라.”

페르돈 언덕을 내려가는 길
주변의 들꽃들

부부는 인생의 친구가 아닌가. 그리고 우리는 하루 이틀의 경주를 벌이는 것이 아니라 장장 삼십여 일을 걸어가야 한다. 마치 시간이 남아나는 듯 사진을 찍고 꽃을 감상하며 한껏 여유를 부렸다. 다시 밀밭 사이 평야를 가로지를 때는 잔잔한 수면 위를 항해하는 배처럼 무념무상의 경지에 이르렀다. 어느 사이 우리 부부는 대화도 없이 마냥 걷고 있었다. 서로가 기계처럼 저절로 움직이는 다리에 의지한 채 터벅터벅 걸어가고 있었다. 우테르가Uterga와 무루사발Muruzábal을 지나친 것조차 기억나지 않을 정도로 조용히 묵상하며 걸었다.

뜨거운 햇볕에 녹초가 된 우리는 재킷을 벗어 배낭에 묶었지만, 갈증과 피곤함은 여전히 떨쳐낼 수 없었다. 쉬고 싶다는 생각이 수천 번이나 머릿속을 감돌았다. 그때 나와 아내를 유혹하는 마을 오바노스Obanos가 나타났다.

오바노스는 매년 여름 '성 펠리시아의 순교와 성 기옌의 회개'라는 명칭의 축제가 열리는 곳이다. 14세기 아키타니아 공작의 딸 펠리시아가 종교적 소명으로 은둔생활을 시작했다. 그녀의 오빠 기옌은 그녀를 은둔지에서 데리고 나오려고 했으나 끝내 거부하자 분노하여 그녀를 죽이고 말았다. 그 후 기옌은 자신의 잘못을 회개하며 산티아고 순례를 떠났으며, 수사가 되어 평생 순례자들을 도왔다는 전설이 내려온다. 이 전설이 축제가 되었다. 오바노스 전설의 주인공인 기엔의 유골이 있다는 세례자 요한 성당의 문이 닫혀있어 내부를 볼 수 없는 것이 못내 아쉬웠다. 신고딕 양식의 세례자 요한 성당 주변은 고풍스러우면

오바노스 마을의 세례자
요한 성당

서도 깨끗하고 조용했다. 정말 이곳 오바노스에서 하룻밤 묵어가고 싶었다. 하지만 어쩌랴! 나의 배낭을 다음 마을까지 보내놓았으니. 소박하고 단정한 오바노스 마을의 유혹은 두고두고 잊지 못할 아쉬움이 되고 말았다. 다음에 또다시 순례길을 걷게 된다면 이곳에서 묵으리라.

발바닥이 따갑다 못해 화상을 입은 것처럼 화끈거린다. 3킬로미터 남짓한 남은 여정이 고통스러웠다. 푸엔테 라 레이나_Puente la Reina_라는 마을 입구에 들어섰다. 마을 이름에서 보듯 푸엔테는 '다리'라는 뜻으로 다리를 중심으로 형성된 마을이다. 멋진 다리를 기대했으나 어디에도 다리는 보이지 않는다. 미리 배낭을 보냈던 사설 알베르게로 들어가 오늘의 여정을 끝냈다. 방 사이의 차단막은 대나무로 얼기설기 엮은 발이 전부였다. 우리 부부는 프랑스인 노부부와 방을 같이 쓰게 되었다. 프랑스 노부부는 우리를 보자마자 "Coreano꼬레아노?" 하고 묻는다.

기진맥진한 우리 부부가 겨우 양말을 벗고 벌렁 드러누워 버렸다. 그때 권영익 선배가 수연과 함께 우리 방으로 들어섰다. 반가움과 놀라움에 반색하며 환하게 웃었다. 권 선배는 내 발바닥에 물집이 크게 잡힌 것을 보고 바늘과 실을 달라고 한다. 바늘에 실을 꿰어 물집을 관통시킨 후

실은 그대로 놔뒀다. 실을 타고 물이 계속 흘러나가야 빨리 완치된다는 것이다. 카미노 친구들은 모두 열린 마음을 갖고 있다. 스스럼없이 남의 발바닥을 바늘로 따주는 호의쯤은 기본이다. 권 선배는 이 마을의 공립 알베르게에 짐을 풀었는데 그곳에서 수연을 만났다고 한다. 그래서 우리가 이곳 어딘가에 묵을 것 같아 그녀와 함께 찾아왔다는 것이다. 저녁을 같이 해 먹자는 권 선배의 말에 솔깃했지만 이미 알베르게에 숙박비 10유로와 저녁 식사비 13유로를 지급한 후였다.

시내 밤거리 구경에 나섰다. 그러다 'Y'자형 십자가가 있다는 성당에 들어갔다. 성당 문 옆에 설치된 기부함에 1유로를 넣으니 조명이 밝혀진다. 중세 독일 순례자들이 전염병이 사라진 것에 감사하며 'Y'자형 십자가를 들고 산티아고 순례에 나섰으나 이곳에 이르러 십자가가 전혀 움직이지 않았다고 한다. 신비의 와이자형 십자가 앞에 무릎 꿇고 우리 가족의 평화와 이기수 신부님이 주신 두 가지 과제에 대해 기도했다.

성당 밖으로 나오자 권 선배와 아내가 한창 이야기꽃을 피우고 있었다. 그때 전해 들은 이야기가 나에게는 실로 충격적이었다. 수연이 하소연삼아 권 선배에게 했던 말이라고 한다. 그녀는 지난 3일 동안 우리와 함께 걸었던 길이 힘들었다는 것이다. 정말 아내를 제쳐놓고까지 성심성의껏 보조를 맞춰 줬는데……. 하지만 다시 생각해 보니 그녀의 말이 타당성이 있다는 생각이 들었다. 앞에서는 아내가 빨리 걷고 뒤에서는 내가 밀어붙이니 중간에 낀 그녀가 힘들었을 것이라는데 공감이 갔다. 또한, 그녀는 천천히 오랜 시간 동안 많은 거리를 걷고 싶어 했는데, 우리는 일정한 거리를 걸으면 쉬었다. 그러니 우리보다 짧은 일정으로 순례길에 오른 그녀가 딜레마에 빠질 수도 있을 것 같았다. 사람마다 보폭이 다르고 속도가 다른데 오랫동안 함께 걷는다는 것은 무리였다. 술이는 일행들과 단 하루를 함께한 뒤 카미노는 혼자 가는 길이라는 것을 깨달았는데 나는 늦어도 너무 늦게 깨달았다.

"그렇다. 카미노는 함께이면서도 혼자 가는 길이다."

산티아고 가는 길은 앞과 뒤의 소식을 전해 들을 수 있다. 천천히 걷는 사람은 앞서 가는 순례자들의 소식을 알려주고, 빨리 걷는 이들은 뒷사람들의 소식을 전해주기 때문이다. 그 뒤 수연은 느린 걸음이지만, 많은 시간을 걸어 우리보다 더 앞서나갔다는 소식을 들었다. 카미노는 철저히 혼자가 된다는 각오로 걸어야 하는 길이었다.

성당 내부의 'Y'자형 십자가

에스테야 마을 입구의 샘터

Murugarren
Zurucuáin
Contraembalse
Lacár
에스테야
Estella
비야투에르타
Villatuerta
로르카
Lorca
시라우끼
Cirauqui
마녜루
Mañeru
푸엔테 라 레이나
Puente la Reina
Mendigorria
4.16(화)
순례 5일차
푸엔테 라 레이나   5km
마녜루
3km   시라우끼
6km   로르카   5km
비야투에르타
4km
에스테야
∴23km
소통의
로마가도를
걷다

소통의
로마가도를 걷다

이른 새벽 집들이 촘촘히 들어서 있는 좁은 순례길 끝
자락에 조그마한 문이 우리를 반기고 있었다. 그 문을 지나자 천 년이 넘
는 세월의 풍상을 이겨낸 중세의 석조다리가 아르가 강 위에 길게 펼쳐
져 있었다. 마을 이름조차 푸엔테 Puente, 다리라는 명칭을 가질 정도로 유
명한 마을에서 다리 구경을 못 하고 간다는 아쉬움이 일거에 풀렸다. 나
바라 왕국의 산초 엘 마요르 부인이 다리를 건축하도록 했다 해서 '여왕
의 다리'로 불린다고 한다. 11세기에 건축된 로마네스크 양식의 다리는
이곳을 지나는 순례자들에게 통행세를 걷는 데 일조했다는데 지금은 통
행세를 걷지 않아 다행이다. 아름다운 다리를 빨리 지나치는 게 아쉬워

여왕의 다리(푸엔테 라 레이나).
다리의 이름이 마을 이름이 되었다.

천천히 걸었다.

　푸엔테 라 레이나를 벗어나 평평한 도로를 한적하게 걸은 지 한참, 어느덧 태양이 떠오른다. 순례자들은 모두 동쪽에서 서쪽으로 걸어간다. 우리 뒤로 떠오른 태양은 그림자를 앞으로 길게 드리운다. 땀에 젖은 재킷을 벗어 배낭에 묶어놓고 아르가 언덕을 올랐다. 단정하게 정비된 마네루Mañeru 마을 분수대에서 물통에 물을 가득 채운 뒤 너른 들판을 향해 계속 전진했다.

아르가 언덕을 오르는 길

　길가의 밀밭과 올리브 나무 사이를 지나다 문득 앞을 보니 저절로 눈이 휘둥그레졌다. 우뚝 솟아오른 언덕을 따라 둥그런 고리 모양으로 형성된 마을이 너무도 아름답다. 바스크족 언어로 '살모사의 둥지'라는 시라우끼Cirauqui는 로마 시대부터 전략적으로 중요한 마을이었다. 로마가도 '비아 트라이아나Via Traiana'가 이곳을 통과하는 것만 보아도 알 수 있

로마시대 형성된 시라우끼 마을

다. 불과 4일을 걸었지만, 대부분 마을이 교회를 중심으로 언덕에 있거나 아니면 낮은 계곡을 따라 형성돼 있다는 사실을 알 수 있었다. 언덕은 적의 침입을 방어하기에 쉬웠고, 낮은 곳은 생명의 원천인 물을 구하기 쉬웠기 때문이었을 것이다. 시라우끼 마을의 좁은 골목길은 중세 마을을 그대로 옮겨놓은 듯 고풍스럽다.

구멍가게 유혹을 떨치지 못하고 아내가 점심거리를 샀다. 헐떡거리는 심장과 폐의 기능을 정상화시킬 겸 쪼그려 앉아 있으니 순례자들이 지나친다. "올라!" 인사를 했다. 그들도 멈춰 서서 주변을 감상하다 이내 티엔다로 들어가 간단한 요깃거리를 샀다. 아내가 가게에서 나오자 사진을 찍어주겠다며 함께 서 보란다. 우리는 골목 입구에 나란히 서서 기념촬영을 하고, "그라시아스! Gracias! 고맙습니다"라는 인사로 고마움을 대신했다. 언덕 정상에 우뚝 선 주택의 문턱을 넘어서려는데 세요와 잉크가 보였다. 세요를 찍어야 하는데 배낭에서 크레덴시알을 꺼내기조차 힘에 부친다. 그냥 통과했다.

마을 뒷길로 접어들자 조그마한 시내 위를 높게 통과하는 다리가 심하게 훼손되어 있었다. 그런데 도로는 물론이고 다리가 예사롭지 않다. 폭이 좁은 도로에는 오래되어 닳아버린 돌들이 가지런히 배열되어 있었다. 전형적인 로마가도의 모습이다. 다음 마을인 로르카 Lorca 까지 6킬로미터에 이르는 순례길 대부분이 로마가도를 따라간다. 중국은 만리장성을 쌓아 사람들의 왕래를 차단했지만, 로마는 가도를 건설하여 모든 지역이 원활하게 소통되도록 하였다.

로마는 모든 정복지에 길을 건설하여 군대가 관리하도록 할 만큼 소통과 왕래를 중시했다. 로마가도는 지중해를 내해로 만들 만큼 영토를 확장하는 데 있어 강력한 힘의 원천이 되었다. 2천여 년을 견뎌온 로마가도는 아직도 도

훼손된 로마가도
비아 트라이아나

로의 기능을 담당하고 있지만 걷기에는 너무 힘든 길이다. 울퉁불퉁한 돌이 발바닥의 물집에 닿으면 펄쩍 뛸 정도로 화끈거리고 아파 왔다. 발의 통증이 심했지만 로마 가도를 직접 걷는다는 사실에 감격하여 아내에게 로마가도의 형태와 특징을 열심히 설명했다. 시오노 나나미의 로마인 이야기 중 '모든 길은 로마로 통한다' 편에서 로마가도에 대해 지식을 쌓은 바 있었기 때문이었다. 아내는 문화유적에는 별 관심이 없는 듯 삐죽이 튀어나온 돌들을 피해 이리저리 발을 옮기는 데만 온 신경을 쏟고 있었다.

어느덧 로마가도는 현재의 고속도로 아래 묻혀버린 듯 보이지 않는다. 로르카에 들어서자 원형의 교회가 이색적으로 보였다. 하지만 문은 굳게 닫혀있어 잠시 숨을 고를 장소가 필요했다. 급수대에서 물통에 다시 물을 채웠다. 날씨가 무더워 물병의 물은 금방 동난다. 물집이 터져 양말과 붙어버린 발바닥, 간신히 양말을 발바닥에서 떼어 내 맨발을 햇볕에 말렸다. 화끈거리며 아픈 내 발바닥도 문제지만 아내의 새끼발가락의 물집도 문제다. 아내도 쉴 때마다 양말을 벗어 햇볕에 발을 말린다. 물집이 말라 고슬고슬해져야 하는데…….

날씨는 무덥고, 발바닥은 화끈거려 여기가 어딘지도 모르고 무작정 걷는다. 한 걸음 한 걸음이 모여 비야투에르타_{Villatuerta} 마을 끝자락에 와 있었다. 길 왼쪽으로 성모승천성당이 나타난다. 성당 앞에는 성 베레문도의 동상이 서 있었다. 동상의 주인공이자 이라체 수도원장이었던 성 베레문도의 고향이 이곳과 인근 아레야노_{Arellano} 마을이라는 주장이 팽

성모승천성당과
성 베레문도의 동상

팽히 맞선다고 한다. 그래서 그의 유해를 두 마을에서 5년씩 번갈아 가며 모신단다. 이곳이 정확히 그의 고향이었음이 입증됐다면 이 마을은 아마 '산 베레문도'라는 이름을 갖게 되었을지도 모른다. 중세 순례자를 위해 헌신했던 3대 카미노 성인은 산 베레문도San Veremundo, 산토 도밍고 데 라 칼사다Santo Domingo de la Calzada, 산 후안 데 오르테가San Juan de Ortega 이다. 이들은 순례자를 위해 수도원, 병원 그리고 다리를 놓고 길을 다듬 었다. 앞으로 우리 부부는 고향이 확실치 않은 성 베레문도를 제외한 두 성인의 이름을 딴 마을을 지나가야 한다.

우리 부부는 침묵 속에 걸었다. 아내가 열심히 묵주기도를 하는 것 같 아 뒤에서 묵묵히 걸어가며 아무 말도 하지 않았다. 사실 말할 기력도 없 었다. 뜨거운 햇살 속에 아무리 걸어도 마을이 나오지 않는다. 시골 길 을 잘못 들어 왔나 싶어 몇 번이고 주위를 두리번거렸다. 그때 거센 물 결소리가 들려왔다. 강이 흐르는가보다. 마을 입구 길옆 샘터에서 아쉬

에스테야의 성모성당

운 대로 갈증을 달랬다. 마을에 들어서자 고풍스러운 성모성당이 맨 처음 우리를 반긴다. 1090년 산초 라미레스 왕이 넘쳐나는 순례자들을 수용하기 위해 에가_{Egaa} 강을 중심으로 조성한 에스테야_{Estella} 마을이다. 우리는 강을 건너 기부제 알베르게로 찾아갔다. 침대가 휘청거리는 열악한 환경이었지만 오스피탈레로의 친절함은 이루 표현할 수 없을 정도였다. 세탁기도 없어 손빨래했지만 건조를 걱정하지 않아도 됐다. 작열하는 태양이 손쉽게 빨래를 말려 주었다.

우리 부부는 저녁 식사를 하기에 적당한 카페테리아를 찾아다녔다. 에스파냐는 대략 오후 8시나 9시부터 저녁 식사를 한다. 그런데 배가 고픈 우리 부부는 일찍 식사를 하고 7시 저녁 미사에 참례하려고 했다. 아무리 식당을 찾아도 저녁 메뉴를 제공하는 곳이 없다. 이리저리 헤매다 보니 서로 짜증이 났다. 결국, 사소한 말다툼 끝에 저녁도 먹지 못하고 미카엘 성당에서 거행된 미사에 참례하였다.

1187년 건축된 성당은 제대 뒤가 황금색으로 도금되어 화려해 보였으며, 반원형 아치 천정도 웅장하기 이를 데 없었다. 그동안 우리가 참례했던 미사에서는 순례자들을 위한 축성이 있었다. 하지만 이곳은 미사가 끝나자마자 사제가 곧바로 승용차를 타고 어디론가 가버렸다. 바쁜가 보

1. 성당 내부
2. 미카엘 성당

다. 우리가 산티아고 순례에 나서기 전 이기수 요아킴 신부님의 말씀이
생각났다. 사제는 적고 교회는 많아 사제 한 분이 여러 교회를 순회하며
미사를 드린다는 것이다.

알베르게에 들어가니 시끌벅적하다. 대부분이 영어로 이야기한다.
그때 캐나다에서 영어 교사를 하고 있다는 60대 초반의 해롤드 잽슨이
말을 걸어왔다. 호기심이 많은 그는 카미노 친구들의 이야기를 페이스북
에 올린다며 이것저것 자꾸 묻는다. 다 대답을 해 주자 그가 후련하다는
듯 며칠 만에 익숙한 발음을 들었다며, 풀 센텐스full sentence로 얘기를 주
고받아 좋다는 말을 한다.

"그럼 그동안에는 어떻게 얘기했나요?"

"단어로 얘기했죠. 유럽인들은 발음이 좋은 사람도 있지만, 그렇지
못한 사람도 많아 대충 알아듣고 나머지는 추측으로……."

유럽인들의 영어가 유창한 줄 알았더니 그렇지 못한 모양이다. 하기
야 한국말도 사투리가 섞이면 잘 알아듣지 못하는데 외국인들끼리는 오
죽할까? 주한 미군들과 접할 기회가 많아 미국식 발음에 익숙했던 내가
그에게는 편했던 모양이다.

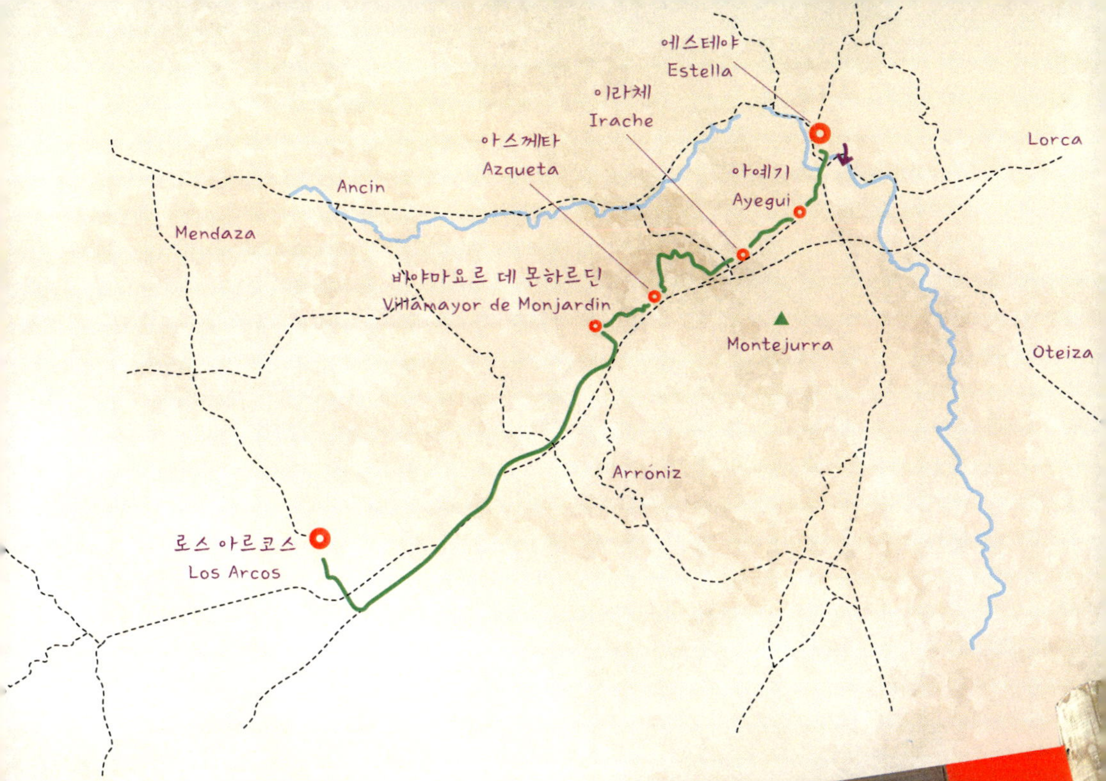

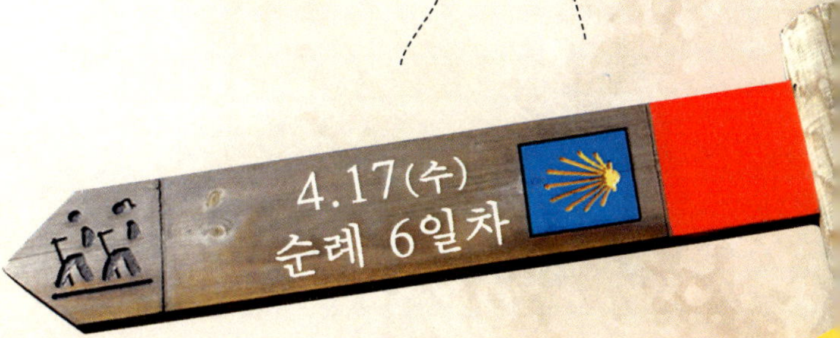

에스테야 → 1.5km → 아예기 → 1.5km → 이라체 → 6km (아스께타) → 비야마요르 데 몬하르딘 → 12km → 로스 아르코스

∴21km

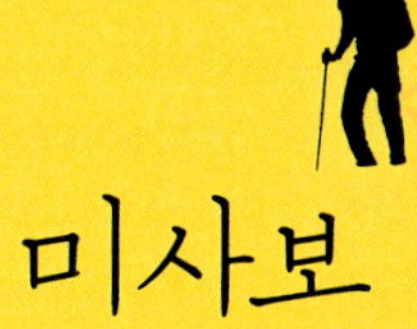

미사보

　　　알베르게에서 제공하는 빵과 커피 한 잔으로 아침 식사를 대신하고 차가운 새벽공기를 헤쳐나갔다. 에스파냐 날씨는 변화무쌍하다. 특히 북부지역의 고도가 전반적으로 높은 편이라 아침저녁으로는 기온이 급강하한다. 최소한 5월 말까지는 방한복을 준비해야 하는데 우리는 그렇지 못해 순례가 끝날 때까지 추위와 싸워야 했다. 에스테야를 빠져나가기 전 순례길 오른쪽에 12세기에 건축된 옛 나바라 왕궁이 과거의 영화를 간직한 채 지금은 미술관으로 사용되고 있었다. 로마네스크 양식의 궁전이 여명에 투영되어 차갑게 느껴진다. 중세 에스테야의 관문으로 이용됐을 조그만 성문을 지나자 햇살이 비친다. 어느 집 벽에 새겨진 십자가가 햇살을 받아 벌겋게 보인다. 순례자들은 벌건 십자가를 향해 카메라를 들이댄다.

옛 나바라 왕궁

　　아예기Ayegui의 명물이라는 와이너리
Winery, 포도주 양조장의 철문이 열려있어 안
으로 들어갔다. 포도주의 샘이 있다는 곳이
다. "순례자여! 힘과 생명력을 안고 산티아

고에 도착하고 싶다면 이 와인을 한 모금 들이키시오. 행복을 위하여 건

배하며……"라는 글씨가 검은 돌판 위에 흰색 글씨로 쓰여 있다. 나란히

있는 두 개의 수도꼭지 중 왼쪽은 포도주가 나오고 오른쪽은 물이 나온

다. 이곳을 지나가는 순례자들에게 한 잔의 와인과 물은 귀중한 생명수

나 다름없었을 것이다. 하지만 왼쪽의 수도꼭지를 아무리 당겨보아도 포

도주는 나오지 않는다. 그냥 물병만을 가득 채우고 그곳을 떠났다. 우리

가족의 행복을 위하여 건배하고 싶었는데……. 나중에 알았지만, 최소한

오전 8시는 돼야 와인이 나온단다. 하기야 직원들이 출근해야 와인을 넣

어주지.

　　아예기와 이라체는 거의 한 마을이나 다름없이 가깝게 붙어있어 어

디가 아예기고 어디가 이라체인지 구별이 어려웠다. 11세기 이라체Irache

에 살았던 성 베레문도는 어린 시절 수도원 문지기를 하면서 순례자들에

게 빵을 나눠주기 시작했다. 그는 수도원과 병원을 짓고 길을 닦았으며,

순례길 주변으로 사람들이 이주하도록 독려하였다. 어제 통과했던 비야

투에르타의 성당에서 그의 동상을 보았던지라 성 베레문도라는 이름이

한결 친숙하게 느껴졌다. 그가 수도원장으로 있었던 이라체 수도원 앞

정원에는 연리지連理枝 나무로 들어차 있었다. 이 연리지 나무들이 순례

자들과 소통했던 성 베레문도의 삶을 조명
해 주는 듯했다.

떡갈나무가 병풍처럼 드리워진 길을 걸
을 때는 마치 우리의 옛 신작로를 걷는 듯
한 착각에 빠진다. 농경지로 둘러싸인 아스께타 Azqueta 마을도 우리의 시
골 마을과 흡사했다.

발바닥의 통증이 발걸음을 더디게 만들 즈음, 몬하르딘 성이 산봉우
리에서 우리를 내려다보고 있었다. 10세기 나바라 왕국의 산초 가르세스
1세가 무어인들을 몰아내고 이 성을 정복했으나 다시 빼앗기자 무어인들
과의 전투를 한층 강화했다는 곳이다. 하기야 이 성을 차지해야 에브로
강 주변의 비옥한 토지를 차지할 수 있었으니 기독교 왕국과 무어인들과
의 치열한 전투는 필연적이었다.

몬하르딘 성 아래로 펼쳐진 산길에 무어인의 샘으로 불리는 곳이 있

었다. 풍부한 수량으로 온통 물이 넘쳐나는 샘은 너무 깨끗하여 밑바닥까지 훤히 들여다보일 정도였다. 기독교도나 무어인이나 모두 이 샘에서 목을 축였을 것이다. 무어인의 샘에서 잠시 휴식을 취하기로 했다. 무어인의 샘을 바라보던 아내가 묻는다.

"무어인은 모두 이슬람교도들이야?"

"그렇지. 무어인을 알고 에스파냐의 중세 기독교 역사를 개략적으로 이해해야 성 야고보 유골이 발견된 것에 대한 진가를 알 수 있지." 나는 대략적인 설명을 하기 시작했다.

이슬람의 예언자 마호메트아랍어: 무하마드는 서기 570년에 태어나 15년의 명상수행 끝에 서기 610년 알라신의 계시를 받고 이슬람교를 창시하였다. 아랍의 이슬람세력은 아라비아 반도를 포교한 이후 북아프리카의 모리타니아오늘날의 모로코·알제리까지 진출하였다. 바로 그곳 모리타니아Mauritania에서 아랍인과 베르베르인 사이의 혼혈민족 무어Moor인이 탄생하게 되었다. 이들 무어인을 에스파냐어로는 모로Moro인이라 부른다.

아프리카 북서부는 척박하지만, 지브롤터 해협_{폭 14km}만 건너면 지중해성 기후로 살기 좋은 이베리아 반도가 있었다. 서기 710년 이베리아 반도의 서고트 왕국에서 반란이 일어났다. 이를 틈타 서기 711년 북아프리카의 베르베르족과 아랍 귀족으로 구성된 군대가 타리크의 지휘아래 지브롤터 해협을 건넜다. 무어인들이 이베리아 반도에 첫발을 내딛는 순간이었다. 타리크가 상륙한 곳은 헤라클레스의 기둥이라 불리던 높은 산이었다. 그들은 이곳을 '타리크의 산'을 뜻하는 아랍식 이름인 '자발 타리크'라고 불렀다. 결과적으로 '자발 타리크'는 영어식 발음인 '지브롤터' 해협의 어원이 되었다. 이들 무어인은 7년 만에 이베리아 반도 대부분을 차지해 버렸다. 무어인들과의 전투에서 패배한 서고트 왕국의 가톨릭 세력은 유럽의 지붕이라 불리던 이베리아 반도 최북단 산악지방으로 쫓겨 갔다. 가톨릭계 주민들은 험준한 지형으로 둘러싸인 아스투리아스 왕국을 중심으로 단결하였다. 이슬람 세력도 산세가 험한 그곳만은 어찌할 수 없었기 때문이었다. 아스투리아스 왕국에서부터 레콘키스타라 불리는 에스파냐 '국토회복 전쟁'이 시작되었다.'국토회복 전쟁'은 성지를 회복해야 한다는 사명감으로 정당성을 부여받아 기독교도가 힘을 발휘하는 계기가 되었다. 한편, 이베리아 반도에 진출한 무어인들은 서기 756년 코르도바_{Córdoba}를 수도로 삼아 새로운 이슬람 독립국 알-안달루스_{Al-Andalus}를 세웠다. 그 뒤 서기 1002년 알-안달루스의 재상 '알만소르'가 사망한 뒤 왕들의 무능함과 귀족들의 분열로 내분이 격화되기에 이르렀다. 결국, 1031년 이슬람 귀족들은 코르도바의 알-안달루스 왕국을 여러 이슬람 소왕국으로 분할하였다. 이때부터 소왕국들로 분열된 무어인들의 쇠퇴가 가속화되었다. 이에 앞서 기독교 왕국인 나바라, 아라곤 등도 탄생하였음은 물론이다. 이를 계기로 아스투리아스 왕국은 영토를 남쪽으로 확장해 카스티야·레온 왕국을 세우기에 이르렀다.

'국토회복 전쟁' 막바지인 14~15세기 이베리아 반도는 카스티야, 아라곤, 나바라, 포르투갈 등 4개의 기독교 왕국과 그라나다의 나사리 등 1개의 무어인 왕국이 공존하고 있었다. 15세기 말 카스티야 왕국의 이사벨 여왕과 아라곤 왕국의 페르난도 왕은 서로 결혼하여 두 왕국을 통합시킨다. 이사벨과 페르난도는 무어인들의 마지막 왕국인 그라나다를 침공하였다. 카스티야·아라곤 왕국의 군대는 그라나다의 알람브라 궁전을 포위했다. 그리고 이슬람 왕 보압딜을 압박하여 스스로 항복하기를 기다렸다. 가톨릭 왕국들의 지속적인 '국토회복 전쟁'으로 무어인들은 1492년 1월 2일 최후의 거점이던 알람브라 궁전의 열쇠를 페르난도·이사벨 국왕 부부에게 넘겨주고 이베리아 반도에서 물러났다. 이를 기념하여 1496년 교황 알렉산데르 6세는 페르난도 왕과 이사벨 여왕에게 '가톨릭 국왕 부처_{Los Reyes Católicos}'라는 칭호를 내렸다.

한편, 나바라 왕국은 '국토회복 전쟁'이 종료된 후 1512년 페르난도에 의해 카스티야에 합병되었다. 그 후 펠리페 2세는 1580년 포르투갈 왕국을 합병하여 이베리아 반도에서의 실질적 통합을 이뤘으나 다시 포르투갈이 독립하여 오늘에 이른다.

아내는 에스파냐의 역사가 너무 복잡하게 얽혀있지만, 중세 기독교

로스 아르코스에 도착하기 전에
펼쳐진 시골길

에 대해 윤곽을 잡을 수 있을 것 같다고 말했다. 비야마요르_{Villamayor de Monjardin}에서 산 안드레스 성당 옆에 앉았다. 구멍가게에서 산 빵과 오렌지를 먹으며 휴식을 취하기 위해서였다. 앞으로 12㎞는 인가가 없기에 이곳에서 원기를 미리 보충해 둬야 했다. 걷고 또 걷지만 좀처럼 오늘의 목적지가 나타나지 않았다. 발바닥과 왼쪽 어깨의 통증이 점점 심해져 참기 어려웠다. 이따금 불어오는 바람을 이처럼 간절히 원한 적이 없었다. 하지만 바람도 작열하는 태양에 이내 묻혀버렸다. 그때 중세의 순례자 복장을 한 젊은 남자가 우리를 지나쳐 간다. 우리는 신기한 눈으로 그를 바라보면서 손을 들어 인사했다. 순례길에서 만나는 사람들은 대부분 낯이 익다. 우리는 길에서 서로 교차할 때마다 '부엔 카미노_{좋은 길 되세요}'와 '올라_{안녕}'라는 인사를 한다. 지역주민들도 우리를 보면 부엔 카미노를 연발한다. 순례자들은 걷는 속도가 달라 결국은 혼자가 되지만, 알베르게에 도착하면 다시 만나기 일쑤다.

그래서 순례길은 "함께 가면서도 혼자 가는 길, 그리고 혼자이지만 함께 가는 길"이다.

로스 아르코스_{Los Arcos}에 도착하자 산타 마리아 대성당과 카스티야의 문이라 불리는 중세의 돌문이 우리를 맞이했다. 한때 이베리아 반도의 가톨릭 왕국들을 하나로 통합했던 나바라 왕국이 소국으로 전락할 당시, 아마도 카스티야 왕국이 나바라를 동쪽으로 밀어내고 이곳까지 국경을 확장했었나 보다. 대성당 옆 강변에 있는 카스티야의 문을 지나 시립 알베르게_{6유로, 세탁비 3유로}에 들어갔다. 그곳에는 뜻밖에도 권영익 선배가 있었다. 우리 부부는 권 선배와 함께 산타 마리아 대성당 광장 그늘에 앉아 생맥주 한 잔으로 더위를 씻어냈다. 얼마나 마시고 싶었던 시원한 맥주이던가! 광장 저편에서 맥주를 마시던 독일청년 줄리앙과도 기쁨의 재회를 나눴다. 지리산 산골 마을에서 살고 싶다는 소박한 시골 처녀 경화 씨도 그곳에 홀로 앉아 오후의 피곤함을 달래고 있었다. 산타 마리아 대성당 광장은 한마디로 만남의 광장이었다.

알베르게 주방에서 권 선배와 함께 직접 요리한 음식으로 저녁 식사를 마친 우리는 산타마리아 대성당으로 향했다. 권 선배에게도 성당에 같이 갈 것을 권유했다. 권 선배는 성당에 들어가 보고는 싶었지만, 들어가도 되는지를 몰라 그동안 망설였다고 한다. 우리는 세례를 받지 않은 사람은 성체성사 때 제단 앞으로 나가 성체를 받아 모시면 안 된다는 당부를 잊지 않았다. 엄숙하게 거행된 미사가 끝나자 권 선배가 미사보에 대해 질문을 한다. 이곳 에스파냐에서는 여자들이 미사보를 쓰지 않는데 우리나라는 하얀 미사보를 머리에 왜 두르느냐는 것이었다.

"어떠한 남자든지 머리에 무엇을 쓰고 기도하거나 예언하면 자기의 머리를 부끄럽게 하는 것입니다. 그러나 어떠한 여자든지 머리를 가리지 않고 기도하거나 예언하면 자기의 머리를 부끄럽게 하는 것입니다."_{1코린}
11, 4~5

조선 시대 실학자들은 가톨릭을 서학西學이라는 이름으로 공부하여 자발적으로 받아들였다. 전 세계 기독교 역사를 통해 선교사 등 전파자 없이 스스로 기독교를 받아들인 나라는 우리나라가 유일무이하다. 조선 시대 여성들은 외출할 때 몸의 윗부분을 가리는 쓰개치마를 머리까지 뒤집어쓰고 다녔다. 가톨릭이 전파될 당시 이러한 우리의 쓰개치마 전통과 가톨릭의 미사보 관례가 정교하게 맞아 떨어진 것이다. 그때부터 아무런 거부감 없이 미사보를 머리에 쓰는 전통이 지금까지 계승됐다. 성경 말씀과 우리의 전통이 결합하여 한국 가톨릭의 독특한 관습으로 발전되었으니 이 또한 자랑스러운 일이 아닌가.

비아나의 소박한 바르 입구

허기가 승리의 요인이 되다

　　어젯밤 알베르게는 4인이 쓰는 방이었다. 우리 부부는 4일째 되던 날 묵었던 푸엔테 라 레이나에서 방을 함께 썼던 프랑스 노부부와 다시 만나 같은 방에서 하룻밤을 보냈다. 배낭을 다 꾸린 프랑스인 노부부가 방을 나서다 말고 오늘은 어디까지 가느냐고 묻는다. 우리는 비아나까지만 간다고 대답했다. 여기서 비아나까지는 18.5킬로미터인데 거기서 로그로뇨까지 9.5킬로미터를 더 간다면 총 28킬로미터를 걷게 되어 너무 멀었기 때문이었다. 그러자 할머니께서는 오늘 28킬로미터를 걸어 로그로뇨까지 간다며 우리와 헤어지는 것이 못내 아쉽다며 슬픈 표정을 짓는다. 할머니는 우리가 순례를 마치고 되돌아갈 때 프랑스를 거치느냐고 물었다. 그렇다고 대답하자 종이에 주소와 전화번호를 적어 내 손에 쥐여준다. 자신의 집에 들러 잠도 자고 놀다 가라면서 아쉬움에 눈물을 글썽였다. 할아버지는 영어를 전혀 하지 못하고 할머니만 더듬더듬 영어 단어를 배열한다. 그래도 의사소통은 잘되었다. 나는 할머니를 '꼬옥' 안아줬다. 할머니는 몇 번을 되돌아보다가 먼저 출발했다. 같은 목적으로 순례하면서 단 이틀을 같이 지냈을 뿐인데 우리와 정이 많이 들었나 보다. 아니면 할머니께서 다시 우리와 만나지 못할 것을 예견이라도 한 것일까? 어찌 됐든 우리는 순례를 마치고 되돌아올 때까지 그분들을 만나지 못했다. 헤어짐은 만남의 시작일 텐데……. 다시 기회가 된다면

프랑스 남부에 사는 그분들을 찾아뵙고 싶은 마음이 간절하다.

지난 7일 동안 오르막과 내리막을 걷느라 발바닥이 몹시 고생했다. 그래서 오늘처럼 평지를 걷는 것이 왠지 좋다. 난쟁이 포도밭과 널따란 밀밭이 시야를 독점했다. 발바닥의 통증도 뒷전, 저 멀리 언덕에 오밀조밀 모여 있는 산솔Sansol 마을의 집들이 보이고, 그 중앙에 성당이 자리 잡고 있는 풍경이 신비롭기까지 하다. 중세마을은 성당을 중심으로 방어에 쉬운 언덕이나 물이 흐르는 강가에 자리 잡았다. 많은 순례자가 산솔 마을에서 아침 식사를 하며 지나가는 사람들을 향해 인사를 한다.

산솔 마을을 벗어나자 바로 아래쪽 측면에 이어지듯 토레스Torres del Rio 마을이 나타났다. 10세기 나바라 왕국의 산초 가르세스 1세가 몬하르딘 성에 이어 무어인들로부터 탈환한 마을답게 마치 요새처럼 굳건해 보인다. 튼튼한 중세풍의 가옥들이 즐비했다. 우리는 그 사이를 지나갔다. 12세기 템플기사단이 예루살렘의 성묘성당을 본떠 건축한 8각형의 성당이 이채롭다. 성당의 높은 탑은 중세에 길 잃은 순례자들을 인도했고, 순례자들이 사망하면 불을 밝혀 알렸다. 그래서 이 탑을 '죽은 이들의 정탑'

토레스의 8각 성당,
일명 죽은 이들의 정탑

산티아고
순 례 길

으로 불렀다고 한다. 중세 미스터리의 상징 템플기사단이 건축했다는 성당은 문이 굳게 닫혀있었다. 우리는 북적거리는 마을을 지나쳐 공원묘지 옆 공터에 등산용 돗자리를 깔고 앉아 아침 식사를 했다. 저 멀리 설산이 자꾸만 우리를 따라다닌다. 에스파냐의 시골마을 동구 밖에는 어김없이 공원묘지가 들어서 있었다. 외부를 4각 담으로 둘러쳐 놓은 공원묘지에서 장례식이 있을 때면 모든 마을 사람이 참석하여 고인을 추모한다. 공원묘지 안에는 조그마한 성당이 있어 장례미사를 거행할 수 있도록 해 놓은 점이 색다르다.

이제 10킬로미터에 이르는 구간에는 휴게시설이나 마을이 전혀 없다. 순례는 결코 포기할 수 없는 전진 해야만 하는 항해였다. 오르막과 내리막이 계속되지만, 그리 높지 않은 구릉이라 힘들지 않았다. 다시 돗자리를 깔고 앉아 쉬는데 캐나다인 영어 교사 해롤드가 다가온다. 그는 나에게 카미노 친구라며 산티아고에 도착하면 대성당 앞에서 11시에 만나자고 한다. 이런 상태로 계속 걷는다면 이삼일 간격으로 산티아고에

힘들게 오르막길을
걷고 있는 해롤드

비아나를 관통하는
순례길

도착할 것이라며, 자신은 삼사일 동안 그곳에서 친구들을 기
다릴 것이라고 말했다. 우리를 앞서 갔던 해롤드가 큰 배낭
의 무게를 견디기 힘든 듯 언덕길을 더디게 오른다. 우리는
가볍게 그를 지나쳐 갔다. 저 멀리 비아나Viana가 보였다. 그
러나 마음만 급할 뿐 걷고 또 걸어도 거리는 줄어들지 않고
발바닥의 통증만 더해 갔다.

12시경 비아나의 시립 알베르게에 들어갔지만, 우리의
배낭은 아직 도착하지 않았다. 우리는 오늘 출발에 앞서 고
도계 그래프를 봤었다. 해발 450미터에서 570미터까지 고도
를 높이는 구간이 있어 지레 겁을 먹은 우리는 발바닥의 통
증도 줄일겸 해서 배낭을 비아나의 알베르게까지 보냈었다.
우리는 배낭이 도착하는 오후 1시 30분까지 기다려야 했다.
알베르게에 일찍 도착하면 샤워하고, 빨래하고, 시내를 구경하는 여유로움을 느껴야 하는데 배낭이 없어 갈아입을 옷이 없다. 기다리지 않고 바로 씻을 때의 만족감, 빨래를 마치고 휴식을 취할 때의 편안함, 이런 사소한 것에도 우리는 행복해한다. 과거에는 이러한 행복을 느껴보지 못했었다. 커피 한 잔의 여유를 느껴보고 싶었지만, 자판기가 고장이다. 게다가 침대가 3층이다. 높지 않은 공간에 3층 침대를 놓으니 앉을 수도 없이 거의 눕다시피 침대를 이용해야 했다. 침대의 층간 높이를 여유 있게 만들면 어디가 덧나나?

배가 고프기 시작했다. 하지만 저녁이 되려면 시간이 많이 남았다. 조금 남은 빵으로 대충 허기를 달랬지만, 그래도 배고픈 것은 어쩔 수 없었다. 도시의 상점들은 시에스타_{Siesta, 낮잠시간}라 모두 문을 닫았다. 이것저것 먹을 것을 찾아보았지만 허사였다. 배고픔! 하기야 무어인들도 결국은 허기 때문에 이베리아 반도를 포기하고 철수하지 않았는가!

무어인들의 마지막 왕조였던 그라나다의 나사리 왕국도 허기와 싸워야 했다. 알람브라 궁전은 가톨릭 왕국의 침입에 대비해 견고하게 쌓아진 성이었다. 1482년 이사벨 여왕과 페르난도 국왕 부처는 4만여 명의 보병과 1만여 명의 기병을 이끌고 알람브라 궁전을 향해 구름떼처럼 몰려들었다. 하지만 튼튼한 요새였던 알람브라 궁전은 끄떡도 하지 않고 무려 10년 동안이나 가톨릭 군대를 막아냈다. 가톨릭 국왕 부처는 무력으로는 도저히 상황을 끝낼 수 없음을 알게 되었다. 결국, 그들은 알람브라 궁전을 포위하여 모든 보급물자를 차단하였다. 굶기기 작전에 돌입하게 된 것이다. 당시 에스파냐 남부의 알람브라 궁전은 이슬람 최후의 보루였다. 하지만 알람브라 궁전의 마지막 왕 보압딜은 굶어 죽어가는 병사들을 돌아본 뒤 중대 결심을 하게 된다. 보압딜은 가톨릭 국왕 부처로부터 알람브라 궁전 내 사원과 종교시설의 온전한 보전과 종교의 자유를 약속받은 뒤 궁전의 열쇠를 넘겨주었다. 1492년 가톨릭 국왕 부처는 3천여 명의 군사를 이끌고 알람브라 궁전에 입성했다. 800년간 이어져 온 기독교도들의 꿈이 이뤄진 것이다. 이처럼 굶주림과 허기가 가톨릭 군대의 승리에 일조했으니 지금의 허기가 나중에 나의 신앙에 큰 보탬이 될 것이라 믿어본다.

드디어 풍성한 식탁을 차릴 시간이 다가왔다. 저녁 무렵 아내와 함께 슈퍼마켓에서 돼지고기와 맥주를 샀다. 대부분의 시립 알베르게는 부엌이 있고 주방 용구도 비치돼 있었다. 우리는 맥주에 돼지고기를 넣어 삶았다. 잘 익은 고기를 미리 가져간 고추장에 찍어 먹었다. 부드러운 육질이 미각을 자극했다. 최후의 만찬이 아닌 최고의 만찬이었다.

배부르다고 그냥 잘 수는 없는 일이다. 저녁 8시 석조 고딕양식의 산타 마리아 성당을 찾았다. 일반적으로 큰 규모의 성당 안에는 서너 개의 소성당이 딸려있다. 우리는 성당 안 왼쪽의 소성당에서 거행된 미사에 참례했다. 미사가 끝나자 신부님께서 페레그리노들은 모두 앞으로 나오라고 말한다. 그리고 성수를 뿌려주며 강복해 주신다. 덤으로 기념촬영까지.

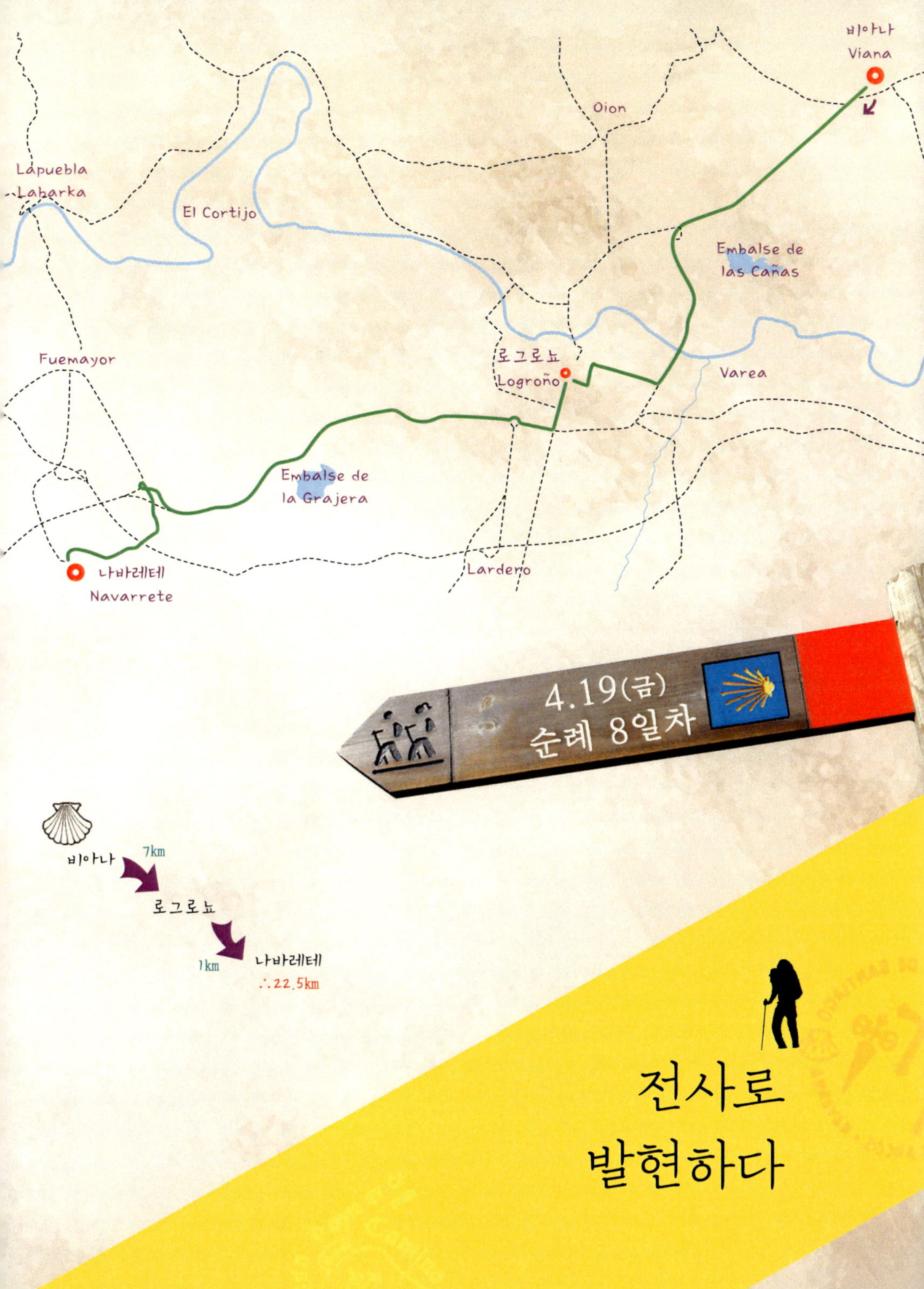

Lapuebla Labarka
El Cortijo
Oion
비아나 Viana
Embalse de las Cañas
Fuemayor
로그로뇨 Logroño
Varea
Embalse de la Grajera
Lardero
나바레테 Navarrete
4.19(금)
순례 8일차
비아나 7km
로그로뇨
15.5km
1km 나바레테
∴22.5km
전사로 발현하다

전사로 발현하다

흐린 날씨 탓에 아침이 되어도 밖이 어두웠다. 창밖이 밝아오지 않아 이른 시간인 줄 알고 침낭에서 뒤척이다 보니 7시 20분이다. 부랴부랴 세수하고 짐을 꾸리느라 8시가 되어서야 출발할 수 있었다. 늦어도 너무 늦었다. 반원형으로 마을을 빙 돌아 나오는 순례길 중간에서 혹시 길을 잘못 들었을까 봐 노심초사하기를 서너 번, 하지만 길은 제대로 가고 있었다. 새벽공기가 차가워 바람막이 재킷의 옷깃을 여민다. 어제저녁부터 갑자기 추워졌다. 재킷 하나로는 추위를 막아내기에 충분하지 않았다. 이곳 라 리오하La Lioja주의 자랑거리인 포도주, 그 원료가 되는 비옥한 포도밭을 가로질러 간다.

언덕 아래로 도시가 보이기 시작할 무렵 조그만 시골집에 두 할머니가 앉아있다. 그녀들은 순례자들에게 간단한 요깃거리를 제공하고 세요를 찍어주고 있었다. 그렇지 않아도 쉬고 싶었는데……. 우리 부부는 단

라 리오하 주의
포도밭 뒤로 보이는
로그로뇨 시가지

위. 두 할머니가 세요를 찍어주며
커피와 간단한 다과를 제공하는 시골집
아래. 시골집 내부

출한 집 안으로 들어가 커피에 우유를 탄 '카페 콘 레체' 한 잔씩을 마시며 동전 몇 닢을 기부하였다. 따뜻한 커피 한잔의 여유가 달콤하다. 펠리사 할머니는 지난 2002년 10월 92세로 생을 마감하기 전까지 순례자들에게 달콤한 무화과 열매와 시원한 물을 제공해 왔다고 한다. 지금은 그녀의 딸 마리아 할머니가 어머니의 뜻을 이어받아 순례자들에게 커피 등을 제공하며 세요를 찍어준단다.

에브로Ebro 강이 로그로뇨를 휘감아 흐르고 있다. 역사적 질곡이 많았던 에브로 강 위로 피에트라 다리가 모습을 드러냈다. 저곳을 건너 로그로뇨에 들어가야 한다.

원래 에브로 강은 이베로Ibero 강으로 불렸다. 로마인들이 에스파냐에 들어왔을 때 이베로 강을 중심으로 많은 원주민이 살고 있었다. 로마인들은 그들을 이베로인이라 불렀다. 그 후 그들이 사는 반도는 이베리아 반도가 되었다. 이처럼 에브로 강은 현재 에스파냐와 포르투갈이 위치한 이베리아 반도의 이름을 형성하는데 이바지하게 되었다. 또한, 초기 기독교 시대에도 이 강은 가톨릭 신앙의 한 축을 차지했었다.

예수님께서는 부활하신 이후 11명의 사도에게 나타나 "너희는 온 세상에 가서 모든 피조물에게 복음을 선포하여라"마르 16, 15고 말씀하셨다.

성 야고보는 이 말씀에 따라 유대와 사마리아 지역에서 복음을 전파했다. 그리고 에스파냐로 향했다. 어떤 방법으로 에스파냐 땅에 도착했는지는 정확하지 않으나 당시 지중해의 상권을 장악하고 있던 페니키아 상인들의 배를 타고 안달루시아의 한 항구에 도착했을 것으로 추정된다. 현재의 레바논에 있었던 페니키아는 최초의 알파벳 문자 원형을 발명한 해상세력이었다. 로마와 대결했던 카르타고도 페니키아가 북아프리카에 건설한 식민도시였다. 페니키아는 북아프리카뿐만 아니라 에스파냐의 지중해 연안에도 식민도시를 건설했었다. 그러므로 야고보 성인이 페니키아 상선을 타고 갔을 가능성이 높다. 성 야고보는 안달루시아에 안주하지 않고 로마인의 길을 따라 갈리시아, 아스토르가, 발렌시아를 거쳐 사라고사까지 복음을 전파한 것으로 전해진다. 그곳에서 어느 날 밤 야고보 성인은 제자 몇 명을 데리고 에브로 강변에서 기도하고 있었다. 그때 벽옥의 기둥 위로 성모 마리아께서 발현하시어 "이 땅에 진정한 그리스도교도들이 절대 끊기지 않을 것이다"라는 위로의 말을 전하며 성스러운 기둥을 선사하셨다고 한다. 성모 마리아의 말씀대로 현재 에스파냐는 가톨릭교도가 전 인구의 94%를 차지한다. 또한, 성모께서 발현했던 사라고사의 에브로 강변에는 현재 '돌기둥의 성모 마리아 Nuestra Señora del Pilar' 성당이 세워져 있다. 그러나 야고보의 전도 활동은 그리 큰 효과를 거두지 못하고 그의 사후 800년이 흐른 다음에야 '국토회복 전쟁'에서 효력을 발휘한다.

또한, 에브로 강은 야고보 성인의 유골 발견 이후 이슬람 세력의 흥망성쇠에 결정적 기여를 한 강이기도 하다. 에스파냐 문학의 효시라 할 수 있는 「엘 시드의 노래 Cantar del Cid」에서 소위 엘 시드 El Cid 를 추방한 것으로 유명한 알폰소 6세 Alfonso VI, 재위 1072~1109 는 1085년 모사라베 Mozárabe, 무어인 통치하에서 가톨릭 신앙을 지키던 사람들 의 도움을

로그로뇨 진입 직전의 에브로 강과 피에트라 다리

받아 톨레도_{Toledo}를 되찾는 데 성공했다. 톨레도는 옛 서고트 왕국의 수도이자 가톨릭 대주교가 있었던 곳으로 에스파냐 가톨릭의 심장부였었다. 알폰소 6세의 톨레토 정복 이후 에브로 강을 통해 전달되던 이슬람교도들의 보급선이 차단되었다. 알폰소 6세의 에브로 강 장악으로 이슬람 세력들은 쇠퇴하기 시작한다. 그 결과 이베리아 반도에서 벌어지던 그리스도교도들과 이슬람교도들의 세력 싸움이 균형을 상실하게 되었다.

한편 로그로뇨_{Logroño}는 성 야고보의 전사적 이미지를 탄생시킨 곳으로 유명하다. 로그로뇨 인근 클라비호 전투에서 가톨릭 군대가 절대적 열세에 몰리게 되었다. 이때 야고보 성인이 이슬람 군대와 싸우는 전사로 발현하였다. 이를 계기로 가톨릭 군대가 정신적 통일을 이뤄 이슬람 군대를 격파하게 된다. 이처럼 로그로뇨는 중세 가톨릭에서 중요한 도시였다.

"그즈음 헤로데 임금이 교회에 속한 몇몇 사람을 해치려고 손을 뻗쳤다. 그는 먼저 요한의 형 야고보를 칼로 쳐 죽이게 하고서,"_{사도 12, 1~2}

성 야고보는 에스파냐에서 7년간 복음을 전파했으나 실패한 다음 예루살렘으로 되돌아가 선교활동에 전념하였다. 야고보의 예루살렘 포교활동이 성공을 거두자 분노한 유대인들이 그를 붙잡아 유대 왕에게 넘겼다. 그로 인해 서기 44년 야고보 성인은 유대 왕 헤로데 아그리파 1세의 명령에 따라 참수형에 처해지게 되었다. 예수의 12사도 중 첫 번째 순교였다. 예수 그리스도의 열두 제자 중 순교내용이 성경에 기록된 유일한 사도가 바로 야고보이다. 야고보 성인의 제자들은 그의 시신을 거둬 배를 타고 성인이 복음을 전파했던 에스파냐로 향했다. 그 배는 바람에 떠밀려 표류하던 중 지중해를 빠져나가 대서양에 연한 갈리시아 지방의 이리아 플라비아현 파드론 곶에 다다른다. 파드론 곶은 산티아고에서 16킬로미터 정도 떨어져 있는 곳이다. 그때 말을 타고 그곳을 달리던 사람이 성인의 유해를 운구하는 데 도움을 주기 위해 물속으로 들어갔다가 나왔는데, 그와 그의 말에 가리비 조개가 다닥다닥 붙어있었다고 한다. 그 뒤부터 산티아고 순례자들은 가리비 조개를 순례의 상징으로 여겨왔다. 야고보 성인의 제자들은 갈리시아 지방의 알려지지 않은 곳에 묘지를 썼으며 이내 그 사실은 잊혔다.

세월이 흘러 이베리아 반도는 북부지방 일부만 제외하고 무어인들의 수중에 들어갔다. 이에 대항하는 가톨릭 왕국의 '국토회복 전쟁'이 시작되던 것과 때를 맞춰 성 야고보의 무덤이 발견된다. 서기 813년 어느 날 밤 은둔 수도자 펠라요Pelayo는 야고보 성인의 유해가 묻힌 장소를 계시하는 초자연적 현상을 목격했다. 그는 즉시 테오도미르Teodomir 주교에게 자신이 경험한 계시 내용을 알리고 찬란히 빛나는 별들의 인도를 받아 묘지를 찾으러 나섰다. 펠라요와 테오도미르는 세 개의 관이 안치된 무덤을 발견했다. 테오도미르 주교는 펠라요에게 내려진 초자연적 계시는 물론 역사적, 지리적 상황을 고려하여 판단한 결과, 야고보와 그의 두 제자의 무덤이라는 확신을 하고 야고보 성인의 유골 발견 사실을 공표하였다. 당시 교황 레오 3세도 별들의 들판에서 발견된 유골을 성 야고보의 것으로 인정하고 축

복했다. 그런 다음 아스투리아스 왕국의 알폰소 2세_{Alfonso II, 791~}
₈₄₁에게 그 사실을 알렸다. 알폰소 2세는 당시 수도인 오비에도에서
별들의 들판까지 찾아와 소박한 목조성당을 건축한 뒤 성 야고보를
에스파냐의 수호성인으로 선언했다. 이로써 알폰소 2세는 최초의 순
례자가 되었다.

그때부터 그 평야를 별_{Stellae}들이 빛나던 평야_{Campus}라는 뜻으로
'별들의 평야_{Campus stellae}'라 불렀으며 나중에 콤포스텔라라는 합성
어가 되었다. 현재 도시 명칭으로 사용되는 산티아고 데 콤포스텔라
는 '별들의 평야에 있는 성 야고보'라는 뜻이다. 이 도시 명칭을 줄
여서 그냥 산티아고라고 부르기도 한다.

그 뒤 844년 아스투리아스 왕국의 라미로 1세_{Ramiro I}는 로그로
뇨 인근 클라비호_{Clavijo} 전투에서 고전하고 있었다. 이때 야고보 성
인이 백마를 탄 전사의 모습으로 나타나 압데라만 2세_{Abderraman II}
가 지휘하는 이슬람 대군의 앞길을 막아섰다. 이를 본 가톨릭 군대
는 야고보 성인의 이름을 부르며 결사항전을 벌여 클라비호 전투에
서 승리하였다고 한다. 그리고 에스파냐 병사들은 무어인들과 전투
를 할 때마다 "돌격, 산티아고!"라고 야고보 성인을 외치며 싸웠다.
로그로뇨 인근 클라비호의 전투 이후 야고보 성인은 이슬람 세력에
맞서 싸우는 전사적 이미지로 변모하게 된다. 그때부터 야고보 성
인, 즉 산티아고는 전사_{戰士} 산티아고라는 의미의 산티아고 마타모로
스_{Santiago Matamoros}로 불리게 되었다. 성 야고보의 출현은 이슬람 세
력에 대항하기 위한 신앙의 구심점으로 작용하게 되었다. 이러한 소
식은 피레네 산맥을 넘어 널리 퍼져 나갔다. 이를 계기로 더 많은 순

례자가 산티아고 순례에 나선다.

　로그로뇨 인근 클라비호 지역은 야고보 성인이 단순한 유골에서 전사로 등장하는 기적이 일어났던 역사적인 장소라는 생각에 잠겨 에브로강을 건너간다. 피에트라 다리를 건너자마자 오른쪽으로 방향을 틀었다. 구시가지, 중세의 집들이 늘어선 순례길이 펼쳐졌다. 조그만 광장을 지나쳐 이름을 알 수 없는 거대한 성당을 올려다본다. 그 거대함에 새삼 감탄했다. 하지만 이곳에서도 대학인 세요를 받아야 했다. 성당을 조금 지나쳐 갔다. 집들 사이 좁은 순례길 오른쪽 벽에 조그맣게 UNED대학UNED Universidad이라는 간판이 보인다. 무심코 걷다 보면 그냥 지나치기에 십상이었다. 문을 열고 들어갔다. 우리나라의 방송통신대학 학습관 정도에 지나지 않는 좁은 건물 내부 1층 로비에 배낭을 내려놓았다. 2층으로 올라가는 잠깐의 시간은 배낭의 중압감에서 벗어날 수 있는 휴식의 시간이었다. 2층 사무실에서는 마치 기다렸다는 듯 아무런 질문도 없이 그냥 크레덴시알에 세요를 찍어줄 뿐 어떤 관심도 보이지 않는다. 로그로뇨 시가지를 벗어나기 전 우리 부부는 현대식 건물이 즐비한 도로의 한쪽에 있는 바르에 들러 보카디요와 토르티야tortilla, 감자와 양파 등을 넣은

순례길 옆의
UNED 대학

언덕길 정상에서 바라 본
그라헤라 저수지

계란말이와 비슷를 시켜 아침 겸 점심을 했다. 식사하는 시간 동안 신발끈을 풀어 발을 편안하게 해 주었다.

로그로뇨의 끝자락, 공원에 들어설 즈음 애국심을 자극하는 간판이 눈에 들어온다. 기아KIA 자동차 판매소와 정비소가 있는 것이다. 마치 사람과 재회의 기쁨을 나누듯 자동차 판매소 앞을 서성이다 가슴 뿌듯한 느낌으로 다음 행선지로 발길을 돌렸다.

커다란 그라헤라 저수지를 끼고 반원형의 산책로를 따라 순례길이 이어진다. 직선이면 거리도 단축되고 순례자들도 편할 텐데 굳이 순례길을 멀리 돌려놓아 걷는 사람을 힘들게 하는지 모르겠다. 언덕을 오르며 투덜거리는데 갑자기 소나기가 쏟아진다. 우리 어렸을 적에는 해 뜨고 비 오면 호랑이가 장가간다고 했는데, 아마 에스파냐의 호랑이가 장가가는 모양이다. 이런저런 재미있는 생각에 잠겨 있는데 갑자기 눈앞에 거대한 황소 철조각상이 나타났다. 예술적 조각품이라는 생각은 별로 들지

않는 평범한 철판에 불과하다. 고속도로변 철망에 인근 목공소에서 뛰쳐
나온 나뭇가지들로 십자가를 만들어 끼워놓았는데 종교적 열정에 의해
서라기보다 재미삼아 끼워놓은 것들이 대부분이다. 나바레테Navarrete 마
을로 들어서는 육교를 건너자 중세 순례자들을 무료로 치료해 주었던 병
원 터의 잔재가 잘 정비되어 있었다. 하지만 단순한 터에 불과하여 건물
의 형태를 짐작하기 어려웠다.

　중세 순례자들도 우리처럼 이렇게 걷고 또 걸었으니 병이 들거나 아
픈 순례자가 많았을 것이다. 우리도 피곤한 육신을 이끌고 시립 알베르

제7유로, 세탁 3유로에 여장을 풀었다.

저녁 8시 성모승천 성당을 찾아 미사를 드렸다. 지금까지는 사제 혼자서 모든 미사를 진행했었다. 하지만 이곳에서 최초로 5명의 소년 소녀로 구성된 복사acolyte를 보았다. 성체성사 시 사제가 부르는 노래가 감미로운 천상의 소리처럼 들린다. 신도 중 1명이 제1독서를, 제2독서는 소년 소녀 5명이 한 줄씩 읽는다. 순례를 시작한 지 이제 8일 째이지만 아쉬운 것은 조그만 마을의 성당이라 할지라도 규모와 구조가 엄청난 데 반해, 미사에 참례하는 신도는 대부분이 노인들이고 그나마 신도 수가 이삼십 명에 불과하다는 사실이었다. 종교가 곧 삶이었던 중세의 에스파냐 사람들, 그 시대에 비길 수는 없을지라도 어느 정도의 종교적 부흥이 일어나기를 꿈꿔본다.

성모승천 성당

Ollauri
Biasteri
Eltziego
Oion
San Asensio
로그로뇨
Logroño
Uruñuela
Hormilla
Huércanos
나바레테
Navarrete
아소프라
Azofra
나헤라
Najera
Alesón
벤토사
Ventosa
4.20(토)
순례 9일차
나바레테
7km
벤토사
10km
나헤라
6km
아소프라
∴18.5km

롤랑의
전설이 깃든 길을
걷다

롤랑의 전설이
깃든 길을 걷다

아침저녁으로 날씨가 매우 춥다. 같은 길을 같은 방향으로 걸어가는 사람들, 교차하듯 만나기를 반복하다 보니 모두 친구나 다름없다. 서로 격려하며 '올라'와 '부엔 카미노'로 인사를 대신하지만 추운 날씨 때문인지 입이 얼어 말이 잘 나오지 않는다. 조석으로 추운 것은 그렇다 치더라도 한낮의 날씨는 더웠었다. 하지만 오늘은 해가 중천에 떠올라도 춥기는 매한가지다.

길을 걷다 보면 특히 많이 만나는 사람이 있다. 그중 한 사람이 경화 씨였다. 전날 알베르게에서 만나 아침에 각자 출발했지만, 어느새 나란히 걷고 있다. 야트막한 언덕 위에 집들이 옹기종기 모여 있는 벤토사 Ventosa 마을에 들어서자 시장기가 발동한다. 우리 부부는 경화 씨와 함께 마을 입구의 바르에 들어가 토르티야, 보카디요, 카페 콘 레체로 아침 식

벤토사 마을의
산 사투르니노
교구성당

사를 하면서 대화의 꽃을 피웠다. 마을을 둘러보고 싶은 마음은 굴뚝같으나 갈 길을 줄이는 것이 급선무였다. 마을로 올라가지 않고 순례길을 따라 우회했다. 산 사투르니노 교구성당을 끼고 나헤라로 향한다. 점차 더워지는가 싶었지만 바람은 여전히 차갑다. 재킷을 벗었다가 잠시 후 다시 입을 수밖에 없었다.

망망대해처럼 펼쳐진 널따란 밭은 포도나무가 대부분을 차지하고 있다. 높이가 고작 30㎝에 불과한 고목 포도나무와 줄을 따라 옆으로 퍼지도록 만들어놓은 높이 60㎝ 정도의 두 품종이 주류를 이룬다. 이곳에서는 주로 적포도주 Vino tinto 가 생산된다는데……. 이곳 라 리오하 주州는 와인으로 유명한 곳이다. 영국은 프랑스의 보르도 와인을 선호해왔다. 그런데 프랑스와 백년전쟁이 발발하자 에스파냐의 라 리오하 주에서 생산된 와인을 수입하기 시작했다. 이는 라 리오하의 와인산업이 발달하는 계기가 되었다.

예수님의 피를 상징하는 와인은 기독교 종교의식에서 빠져서는 안 되는 중요한 것이었다. 또한, 와인을 즐겨 마셨던 로마인들의 특성상 로마가 지배하던 시절 에스파냐의 포도 산업은 활황기를 맞았었다. 로마인들은 지금처럼 포도주를 그냥 마시면 야만인으로 취급했다. 그들은 적포도주에 물을 타서 마시는 것을 귀족적인 관습으로 생각했다. 서로마인 전체가 마시는 포도주의 양은 일일 평균 0.5리터에 달했다. 로마의 비옥한 영토였던 프랑스와 에스파냐에서 와인산업이 발달한 것은 결코 우연이 아니다.

서기 711년 북아프리카의 이슬람 세력인 무어인들의 침입으로 에스파냐의 포도주 산업이 위기에 처한다. 이슬람교 창시자 무함마드가 술을 금했기 때문에 무어인 침공 이후 에스파냐에서도 와인문화가 점차 사라지기 시작했다. 하지만 율법학자들의 편법에 따라 명맥을 잇게 된다. 이슬람 율법학자들은 포도주를 금하라 함은 포도로 만든 술을 금하라는 것이므로 포도만큼 흔한 대추야자로 술을 빚는 것은 괜찮다는 해석을 내놓은 것이다. 당시 무슬림들에게 포도주는 곧 술이었으나 대추야자 술은 술이 아닌 셈이었다. 하지만 어찌 대추야자로만 술을 만들었겠는가. 포도로 술을 빚고 대추야자로 제조했다고 하면 그뿐. 기독교의 음료라 할 수 있는 에스파냐의 와인은 이렇게 명맥을 이을 수 있었다.

포도밭 사이를 걷고 있는데 한 할아버지가 배낭을 메고 우리를 추월해갔다. 손에는 슈퍼마켓에서 산 빵과 과일들이 잔뜩 담겨있는 비닐봉지를 들고 있다. 여러 차례 우리와 만난 적이 있는 이 할아버지는 항상 손에 음식 봉지를 들고 다닌다. 다른 순례자들도 그 할아버지를 보면 '봉지

기사 롤랑과 무어인 거인장수 페라구트가 혈투를 벌였다는 곳에 검은 기둥이 서 있다.

할아버지'라고 부른다. 그냥 배낭에 넣고 다니면 간편하고 좋으련만.

밭 저 멀리 언덕 위에 검은 기둥이 하늘을 찌르듯 솟아있다. 아내는 "휴대폰 중계 안테나인가?" 하다가 "피뢰침 같기도 하고?"라며 의구심을 갖다가 이내 추측을 포기해 버린다. 우리나라의 첨성대 같은 돌집 휴게소에 도착해서야 의문이 풀렸다. 돌집 안은 햇볕이 들지 않아 추울 것 같아 양지바른 풀밭에 돗자리를 펴고 앉아 쉬는데 곁에 안내판이 보였다. 검은 기둥이 서 있던 곳이 샤를마뉴의 기사 롤랑과 무어인 거인장수 페라구트가 혈투를 벌였던 장소라는 것이다.

그 당시 이곳에서 가까운 서쪽의 나헤라에는 무어인들의 성이 있었다. 이때 나헤라의 성에서 출정한 시리아 출신의 거인 페라구트가 롤랑에게 결투를 신청하였다. 그들은 이틀을 싸웠으나 승부가 나지 않았다. 결국, 페라구트의 발밑에 깔렸던 롤랑이 절체절명의 순간 단검을 꺼내 거인의 최대 약점이던 배꼽을 찔러 승리하게 된다. 이 결투로 인해 이슬람 세력은 나헤라에서 물러났으며, 롤랑은 샤를마뉴의 기사 중 최고의 명성을 얻게 되었다고 한다. 일반적으로 실제적 사건에 허구와 과장이 더해져 서사시가 탄생하며 전설로 전해지기도 한다. 서기 778년 샤를마뉴의 에스파냐 원정과 기사 롤랑의 활약상이 오늘날 이곳에서는 전설로 남아있다. 하지만 지리적 연관성을 고려해 본다면, 바로 이곳에서 프랑크 왕국의 기사들과 무어인 장수들의 전투가 있

롤랑과 페라구트의 결투 내용을 설명한 안내판

위. 나헤라 구도심
아래. 산타마리아 라 레알 수도원

었다는 사실은 어찌 보면 당연하게 여겨진다.

무어인들의 성이 있었던 나헤라Najera 에 들어선 첫인상은 현대식 건물들이 너무 많아 중세의 향수를 느낄 수 없다는 것이었다. 하지만 나헤리야 강을 건너자 나의 첫인상은 여지없이 무너졌다. 뒤로는 붉은 바위가 병풍처럼 둘러쳐져 있고, 앞으로는 물이 흐르는 나헤라 구도시는 한때 나바라 왕국의 수도로 삼았을 만큼 지정학적으로 중요한 장소였다는 사실을 실감 나게 했다. 붉은 바위 절벽 아래로 집들이 즐비하고 나바라 왕들의 무덤이 있는 '산타마리아 라 레알' 수도원이 순례길목에 있어 중세

1. 아소프라 마을을 관통하는 순례길
2. 카미노에 유일한 2인 1실의 아소프라 알베르게

의 향기가 물씬 풍겨 나왔다. 무어인들은 이곳을 바위 사이의 도시라는 의미로 나사라Naxara라고 불렀으며, 이 이름이 나헤라의 어원이 되었다. 오늘은 발바닥의 통증보다 왼쪽 어깨의 고통이 더 심하다. 하지만 배낭을 버릴 수는 없으니 그냥 메고 갈 수밖에 없다. 순례길은 고행길이 아니던가! 고행은 그만큼 마음을 비우게 만든다. 마음을 비우고 묵상하며 걷다 보면 어느 순간 고통은 사라진다.

아소프라Azofra에 들어서니 길가에 개 한 마리도 보이지 않는다. 시에스타라서 마을 길이 한적하기 그지없다. 이제껏 맛보지 못했던 2인 1실의 시립 알베르게7유로에 들어서니 천상천하 부러움이 없었다. 2층도 없이 오로지 1층으로 침대 두 개가 배열돼 있어 등을 곧게 펴고 앉을 수도 있고, 아내와 도란도란 이야기를 나눌 수도 있다. 마치 오스탈Hostal, 우리에 투숙하는 느낌이다. 샤워장은 화장실에 남녀공용으로 설치돼 있었다. 대부분 사람들은 비좁은 샤워장에서 옷을 갈아입기 힘들어 샤워를 마친 후 화장실 통로로 나와서 옷을 갈아입고 있었다. 그것도 모르고 화장실 문을 열자 속옷만 입은 반라의 여인이 나를 보더니 씩 웃는다. 깜짝 놀라 얼른 문을 닫고 나가려는데 그녀는 오히려 괜찮다는 듯 '컴 인Come in'하고 부른다. 이곳의 문화는 아래위로 비키니 같은 속옷만 걸치면 되는 것 같다. 그 정도면 입을 것은 다 입었다는 얘기다. 우리 문화로는……. 하지만 동·서 문명충돌이 여기서만 있던 것은 아니다. 대형 알베르게 안에서 속옷만 걸치고 돌아다니는 사람들이 왜 그리도 많은지 눈을 어디에 둬야 할지 머뭇거렸던 적이 한두 번이 아니었다.

샤워를 마치고 물집이 찢어져 벌건 살이 드러난 발바닥을 햇볕에 말리고 있었다. 보는 이마다 상처가 너무 심하다며 걱정해 준다. 참견쟁이 할아버지는 되지도 않는 영어를 꿰맞춰 내일 하루 여기서 더 쉬고 가란다. 의사에게 치료를 받으면 이곳 알베르게에서 며칠이라도 더 묵게 해준다고 한다. 이것저것 참견하며 충고를 해주는 에스파냐 할아버지를 우리는 참견쟁이 할아버지라고 불렀다. 하지만 그의 참견이 결코 싫지만은 않았다. 조금 있으니 경화 씨와 캐나다 교민 부부가 들어선다. 캐나다 교민 부부와는 참으로 오랜만의 재회다.

오늘 저녁은 경화 씨가 한껏 음식솜씨를 발휘했다. 볶음밥에 고추장을 섞고 와인 한 잔 곁들이니 이보다 더 좋을 수가 없다. 성찬이다. 식사를 마친 후 우리 부부는 캐나다 교민 부부와 함께 '천사들의 성모 교구성당'에서 토요 미사를 드렸다. 성전 내부는 거대한 돌무늬가 그대로 보였고, 천정은 하얀색으로 색칠되어 반원형의 기둥이 한데 모이도록 설계되어 경건함을 더했다. 성체성사가 끝나자 성질 급한 신부님이 휭하니 나가버린다. 그동안 신부님들은 최소한 순례자들을 모아놓고 강복을 해 주셨는데 이번에는 순례에 대한 말이 한마디도 없다. 의아스러웠다. 하기

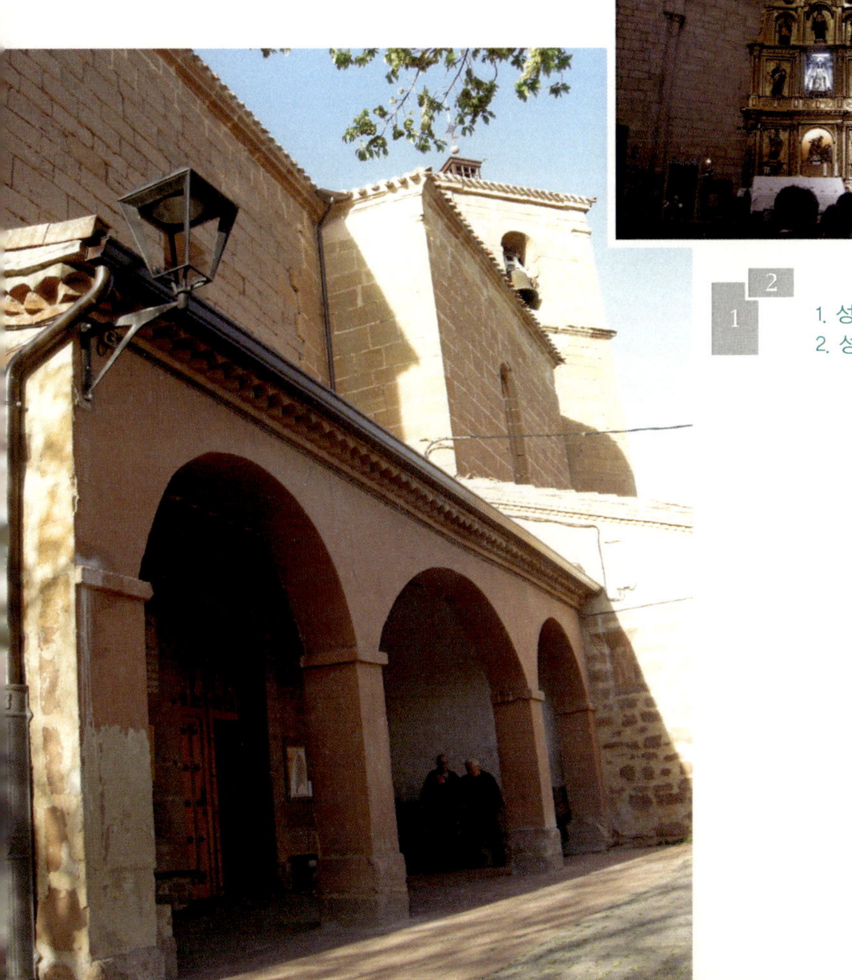

1. 성당 외부
2. 성당 내부

야 순례자임이 무슨 자랑거리인가. 내가 나의 구원을 위해서 걷는 길인데 대접을 받으려고 해서야 되겠는가. 토요 미사로 주일미사를 대체한 것만으로도 은총이 아닌가.

작은 구멍가게에서 내일 아침 먹을거리를 샀다. 내일은 일요일이라 상점이 문을 열지 않으니 미리 준비해야 한다. 매서운 바람을 뚫고 알베르게로 돌아와 우리 부부만의 공간을 만끽하고 침낭 속으로 기어들어갔다. 따뜻하다. 겨울도 아닌데 왜 그리도 추운지.

Labastida
Anguciana
Haro
Cuzcurrita
de Rio Tirón
Casalarreina
Castañres
de Rioja
Zarratón
San
Asensio
Herramélluri
Uruñuela
그라뇽
Grañon
산토 도밍고 데 라 칼사다
Santo Domingo de la Calzada
Huércanos
시루에냐
Ciruena
아소프라
Azofra
나헤라
Najera
4.21(일)
순례 10일차
아소프라
9km
시루에냐
6km
산토 도밍고
데 라 칼사다
7km
그라뇽
∴ 22km
흰 닭의
울음소리를
듣다

흰 닭의
울음소리를 듣다

길가 풀밭에 하얀 서리가 내려앉았다. 단단히 옷깃을 여미고 걸었지만, 스틱을 잡은 손이 시렸다. 손을 옆구리에 집어넣고 팔짱을 낀 채 걷는다. 어슴푸레 동이 틀 무렵 길가에 돌검이 박혀있는 모습이 보였다. 중세 순례자들을 위협하던 도둑과 강도들에게 범죄를 저지르지 말도록 경고하는 아소프라의 원주 Rollo de Azofra 다. 중세에는 위험한 길이었을지 모르나 지금은 세계에서 제일 안전한 길로 경고가 필요하지 않을 것 같았다. 하지만 사소한 것일지라도 범죄를 저지르지 말라는 메시지를 전달해 주고 있는 돌검이 왠지 듬직해 보였다.

어제까지는 주변 풍광이 모두 포도밭이었다. 하지만 오늘은 너른 구릉지가 온통 푸른 물결로 일렁이는 밀밭이다. 갑자기 앞에 T자형 도로가 나타났다. 어느 쪽으로 가야 할지 망설이고 있는데 어느 순례자가 오른쪽으로 가는 화살표를 돌로 표시해 놨던 흔적을 발견했다. 사소한 돌무더기에 고마움을 느끼며 오른쪽으로 돌아갔다. 다시 'T' 자형 도로다. 이번에는 왼쪽으로 방향을 잡았다. 만약 오른쪽으로 간다면 우리가 왔던 방향으로 'U'턴하는 셈이 되기 때문이었

아소프라의 원주

시루에냐
마을 입구

다. 논리적으로 생각한 것이 맞아 떨어졌다. 얼마만큼 가다 보니 표지판이 나왔다. 풀밭의 쉼터에 앉아 빵과 오렌지로 대충 아침 식사를 하려는데 급수대 아래에 살얼음이 깔려있다. 어젯밤 영하의 날씨였나 보다.

시루에냐Cirueña 마을은 잘 조성된 골프장을 중심으로 리조트 단지와 빌라가 들어서 있다. 고전적인 느낌이 전혀 없는 현대적인 마을이었다. 산티아고 가는 길은 유네스코UNESCO 세계문화유산에 등재돼 있다. 그러니 최소한 순례길이 있는 곳만이라도 중세풍의 마을이 유지됐으면 좋겠다는 생각이 들었다. 아내도 나와 같은 생각이란다. 현대적이지만 무미건조한 마을을 빠져나가자 중세의 시골 마을 정경이 살아나는 또 다른 시루에냐 마을이 우리를 반긴다. 순례길은 이 마을을 그냥 옆으로 지나치지만 우리는 초라한 시골 성당 사진도 찍을 겸 마을로 진입했다. 그리고 바르에서 갈증을 없애는 음료를 마시며 생리적 현상도 해결했다. 카미노에는 화장실이 전혀 없다. 그래서 바르는 식사와 음료를 마시는 장소 이외에도 화장실을 갖춘 유일한 장소이다.

카미노를 걸은 지 벌써 10일째, 아내도 왼쪽 무릎이 좋지 않아 어제는 진통제를 먹고 걸었고 오늘도 역시 진통제를 먹었지만, 여전히 아프단다. 순례길의 영적 체험과 육체적 기적을 기대하며 걷고 또 걷는다. 현대가 중세를 눌러버린 것 같은 모던한 건물이 즐비한 도로를 따라 걷다 산토 도밍고 성당에 이르렀다. 그곳에서 뜻밖에도 독일청년 줄리앙이 우리를 반긴다. 그리고 더 가지 말고 여기 알베르게에서 하룻밤 묵으며 자기와 얘기도 하면서 지내자고 한다. 반가움의 표현이었다. 언제 봐도 정감이 넘치는 그는 유럽인답지 않게 정이 많다. 우리는 그를 포옹으로 달래고, 산토 도밍고 데 라 칼사다의 유명한 기적 이야기 속으로 들어갔다.

산토 도밍고
대성당

1020년경 독일인 부자父子가 산티아고 성지순례를 나섰다고 한다. 이들 부자는 툴루즈라는 곳에서 하룻밤을 묵게 되었다. 그런데 재물을 탐내던 여관주인이 소년의 아버지에게 술을 먹인 후 두 사람 짐 속에 은잔銀盞을 숨겼다. 다음 날 여관주인은 길을 떠나려는 두 사람에게 은잔을 훔친 도둑이라며 몰아세웠다. 이들 부자는 만약 자신들의 짐 속에서 은잔이 나온다면 어떠한 처벌도 달게 받겠다며 결백을 호소했다. 결국, 은컵이 짐 속에서 발견되고 이들 부자는 성읍城邑의 책임자에게 끌려가 판결을 받게 되었다. 그들의 짐은 모두 여관주인에게 귀속되고 둘 중 한 명은 교수형에 처한다는 판결이 내려졌다. 아버지는 젊은 아들을 위해 자신을 죽여 달라고 호소했고, 아들은 아버지 대신 자신이 교수형을 받겠다고 우겼다. 결국, 성읍의 재판관은 아들을 교수형에 처하도록 명령했다. 슬픔에 잠긴 아버지는 성 야고보에게 아들의 영혼을 위해 간절히 기도하며 산티아고로 향했다. 그로부터 36일 후 다시 툴루즈에 돌아온 아버지는 아들이 교수형에 처해졌던 비운의 장소를 찾아갔다. 그런데 교수대에 목매달려 있는 아들이 아버지를 향해 큰소리로 외치는 것이 아닌가. "아버지, 울지 마세요! 성 야고보께서 저의 버팀목이 되시어 붙잡아 주시고 천상의 달콤함으로 기운을 북돋워 주셔서 아직 살아있어요!" 아버지는 크게 기뻐하며 성읍의 재판관에게 그 사실을 알렸다. 사람들은 달려와서 그의 아들을 다치지 않게 내려놓고 그 자리에 여관주인의 목을 매달았다.

1260년경 제노바의 대주교였던 야코부스가 중세 기독교인들의 삶에서 전해 내려오는 이야기를 모아 쓴 황금전설The Golden Legend에 나오는 내용을 옮겨 보았다. 이 책에서는 교황 칼리스투스가 전해준 이야기라고 말하고 있다. 툴루즈라는 지명은 아마도 프랑스 남서부 도시 툴루즈Toulouse인 것으로 보인다. 툴루즈는 피레네 산맥에서 흘러드는 가론Garonne 강가에 있으며, 지중해에 접한 프랑스 남부 도시 아를에서 시작되는 '아를 순례길'에 있다. 툴루즈의 전설과 이곳 산토 도밍고의 전설을 비교해 봤을 때 교황 칼리투스나 야코부스 대주교가 '산토 도밍고 데 라 칼사다'를 '툴루즈'로 잘못 알았을 가능성이 높다. 중세 시대에는 통신과 교통이 그리 잘 발달하지 못했으니 지명 정도 잘못 아는 것은 부지기수였을 것이다. 실제로 이곳 산토 도밍고에서는 독일 청년 우고넬이 살았다는 윈넨덴 마을과 자매결연까지 맺고 있으니 산토 도밍고 데 라 칼사다가 원류인 듯하다.

이곳 '산토 도밍고 데 라 칼사다'의 전설은 여관집 주인의 딸이 독일인 순례자의 아들을 사모했으나 거절당하자 은잔을 그들의 짐 속에 숨겼다는 것만 제외한다면, 내용이 완전히 일치한다. 그리고 여기서 한 발 더 나가 닭이라는 개체가 추가된다. 아들이 살아있음에 뛸 듯이 기뻤던 아버지는 성읍의 재판관에게 달려가 그 사실을 알렸다. 마침 닭고기로 저녁밥을 먹고 있던 재판관은 가소롭다는 말투로 "당신의 아들이 그동안 살아있었다면 내 밥상의 닭도 다시 살아날 것이다"라고 말했다. 그러자 밥상의 닭이 갑자기 푸드덕거리며 살아났다는 것이다. 그 뒤부터 이곳

성당 안의 닭장

에서는 산토 도밍고 대성당 안에 흰 닭 한 쌍을 키워왔다고 한다. 현대의 과학적 사고로는 절대 이해되지도 믿을 수도 없다. 하지만 중세를 구원의 역사라는 시각으로 이해하려 노력한다면, 은유적 관점에서 개개의 전설이 시사하는 바가 적지 않음을 알 수 있다.

우리 부부는 입장료 3유로씩을 내고 산토 도밍고 성당으로 들어갔다. 대뜸 흰 닭이 사는 곳으로 다가갔다. 닭은 벽면에 뚫린 닭장 안에서 살고 있었다. 순례자들이 성당에서 닭 울음소리를 들으면 행운이 따른다는데……. 그때 잘 울지 않는다는 닭이 갑자기 울었다. 다른 사람들은 한 번도 듣기 어렵다는 닭의 홰치는 소리를 일곱 번이나 들으며 순례길의 무난한 여정과 영적 체험을 기대해 봤다.

일반적으로 규모가 큰 성당 안에는 본 성당을 둘러싸고 대여섯 군데의 소성당이 있었다. 처음에는 차라리 본 성당을 크게 확장하면 될 것을 왜 성당 벽 안쪽에 여러 개의 소성당을 따로 만들었는지 의아했었다. 나중에야 이기수 신부님의 설명을 듣고 알았지만 원래 중세에는 모든 사제가 각자 한 번씩 미사를 드려야 했다. 그래서 모든 사제가 미사를 드릴 수 있는 성당이 필요했다는 것이다. 그리고 원래 제대祭臺, 제단가 신도를 바라보고 미사를 드릴 수 있도록 벽과 분리되어 있어야 하는데, 이곳 중세의 소성당에는 모든 제대가 벽에 붙어있었다. 1965년 제2차 바티칸 공의회에서 전례의식을 개혁하기 전까지 사제는 신도들에게 등을 보이며 전면의 벽에 붙어있는 제대 앞에서 미사를 드렸다. 그러니 1965년 이전에 건축된 성당의 제대는 앞쪽의 벽에 붙어 있는 것이 당연했다. 미사도 라틴어로 진행했으나 이때부터 각 나라별 언어로 진행하게 되었다.

오하 강의 다리를 건너 산토 도밍고를 빠져나왔다. 물이 있는 곳에 마을이 있고, 마을이 있는 곳에 다리가 있었다. 끊임없이 이어지는 밀밭에서 쉴 곳을 찾았다. 그때 뒤에서 걸어오던 캐나다 교민 부부가 우리와 합류하여 휴식을 취했다. 70대의 노부부는 거의 매일 우리와 함께 미사에 참례하는 것으로 보아 신앙심이 깊은 것 같았다. 달콤한 휴식도 서늘한 바람의 훼방으로 끝이 났다. 19세기 초 산토 도밍고와 그라뇽Grañon의

산토 도밍고 마을과
그라뇽 마을의 대표가
결투를 했던 곳에 세워진 십자가

알베르게가 있는
산 후안 바우티스타 성당

마을대표가 두 마을 사이에 있는 데에서 밭을 두고 결투를 했다는 장소, 그라뇽 마을대표가 결투에서 승리하여 밭을 차지한 이후 그라뇽에서 대형 십자가를 세웠다는 곳을 지나간다. 그라뇽의 산 후안 바우티스타 성당 뒷문으로 들어가 2층으로 올라갔다. 이곳 가톨릭 교구가 운영하는 알베르게가 성당 한편의 2층과 3층 종탑 아래에 둥지를 틀고 있다. 기부제로 운영되는 알베르게에는 세탁기도 세탁할 곳도 적당치 않았다. 침대도 없이 바닥에 매트리스를 깔고 자야 하는 열악한 곳이었지만, 그라뇽에는 알베르게가 이곳밖에 없기 때문에 순례자들로 북적였다.

　저녁 8시 순례자들이 모두 모인 가운데 오스피탈레라_{Hospitalera, 여자 자원봉사자}와 순례자들이 함께 조리한 수프와 빵, 그리고 와인을 곁들인 만찬을 즐겼다. 기부제 알베르게의 특징은 아침에만 간단한 커피와 빵을 제공하는데 이곳은 저녁도 제공한다. 브라질에서 온 18세 청년 베드로와 그의 아버지가 즉흥적으로 기타를 연주하며 노래를 부른다. 잔잔한 선율이 알베르게에 울려 퍼졌다. 모두 음악에 젖어 그날의 피곤함도 잊고 있었다. 나는 접시닦이 자원봉사로 고단했던 하루를 마감했다.

레데시야 델 카미노

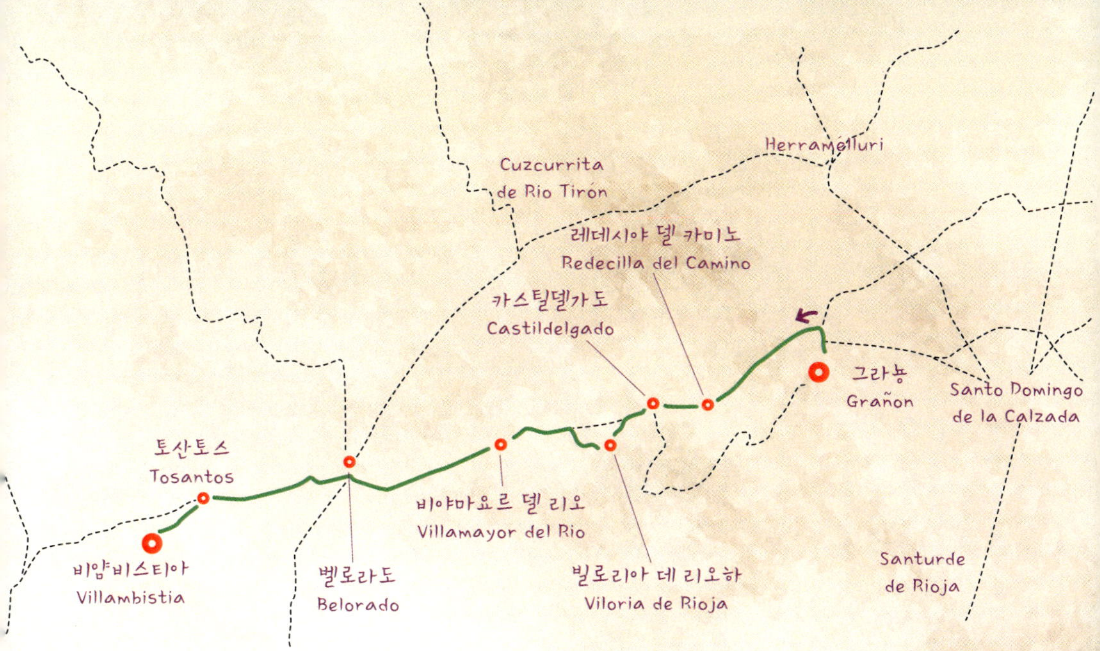

Cuzcurrita
de Rio Tirón
Herramélluri
레데시야 델 카미노
Redecilla del Camino
카스틸델가도
Castildelgado
그라뇽
Grañon
Santo Domingo
de la Calzada
토산토스
Tosantos
비야마요르 델 리오
Villamayor del Rio
Santurde
de Rioja
비얌비스티아
Villambistia
벨로라도
Belorado
빌로리아 데 리오하
Viloria de Rioja
4.22(월)
순례 11일차
그라뇽
4km
레데시야 델 카미노
1km
카스틸델가도
빌로리아 데
리오하
2km
4km
비야마요르
델 리오
5km
벨로라도
2km
토산토스
4km
비얌비스티아
∴22km
에스파냐어에
능통한 사람이
되다

기부제 알베르게는 간단한 빵과 커피로 아침을
제공한다. 그냥 우유 한 잔으로 아침을 대신하고 기부함에 약간의
돈을 넣었다. 사나흘 동안 추웠으니 오늘은 따뜻할 것이라는 예상
을 포기한 지 오래전, 오늘도 추운 날이 지속되리라 생각했다. 어
김없이 나의 예상대로 들어맞았다. 광활한 밀밭이 서리의 폭격을
받아 하얗게 빛나고 있었다. 라 리오하 주의 경계를 넘은 듯 "Junta
de Castilla y León"이라고 쓰인 커다란 광고판이 보인다. 서기
1231년 페르난도 3세는 아스투리아스 왕국에서 시작되어
카스티야, 레온, 갈리시아 등으로 통합과 분열을 거
듭하던 기독교 왕국을 카스티야·레온 Castilla y León
왕국으로 영구 통합시켰다. 그때부터 카스티야와
레온은 떼려야 뗄 수 없는 관계가 된다. 이 표지판
은 라 리오하 주를 지나 중세의 카스티야·레온
연합왕국의 영토에 들어섰음을 의미하리라.

일렁이는 밀밭을 가로질러 레데시야 Redecilla
del Camino 마을에 들어섰다. 중세 프랑크 왕국
의 중요한 점령지였던 탓에 많은 순례객으로
붐볐다는 마을, 프랑크 왕국이 이곳까지 점령

했다면 이보다 훨씬 동쪽에 있던 나헤라를 점령하기 위해 아레손_{Alesón}의 언덕에서 페라구트와 전투를 벌인 롤랑의 이야기가 허구가 아님을 증명하는 것 아닌가. 그리고 샤를마뉴의 무어인 정벌 루트를 따라 프랑크 왕국에 속했던 사람들이 순례를 왔다는 이야기도 사실일 가능성이 높다. 롤랑이 론세스바예스 전투에서 무어인이 아닌 바스크족에 의해 최후를 맞긴 했지만, 샤를마뉴의 무어인 정벌은 사실이니 말이다.

또한, 샤를마뉴의 할아버지 칼 마르텔도 이슬람 세력의 동진을 막아 서유럽의 이슬람화를 막았던 대표적 인물이었다. 무어인들은 711년 이베리아 반도를 침입하여 대부분의 에스파냐 지역을 점령하고 파죽지세로 동진하였다. 프랑크 왕국으로 진격한 것이다. 서기 732년 샤를마뉴의 할아버지였던 프랑크 왕국의 재상 칼 마르텔은 프랑스 남부의 푸아티에_{Poitiers} 평원에서 무어인들과의 전투를 승리로 장식함으로써 이슬람 세력의 서유럽 진공을 저지하는 성과를 거두게 된다. 이 격돌은 서유럽의 이슬람화를 막았던 사상 첫 문화충돌이었다. 이 전투에서 칼 마르텔의 군대가 패배했더라면 유럽의 역사는 크게 달라졌으리라. 칼 마르텔은 이름뿐인 국왕의 권한을 침범하지 않았으나 그의 아들 피핀 3세는 751년 스스로 왕위에 올랐으며, 768년에는 그의 손자 카를 대제, 즉 샤를마뉴가 프랑크 왕국의 왕이 되었다. 바로 그 샤를마뉴가 777년부터 2년 동안 무어인이 점령하고 있던 사라고사를 함락시키기 위해 에스파냐로 진격했다.

푸른 밀밭 사이로 카스틸델가도 Castildelgado 마을이 보이지만, 자동차가 지나다니는 도로 옆에 있어 정적이 흐르는 엄숙함은 찾아보기 어려웠다. 마을 왼쪽 끝에 자리 잡은 교회의 높은 첨탑을 등대 삼아 앞으로 나아갔다. 성당 앞 가로수들이 연리지 나무로 이루어져 있다. 플라타너스를 인간의 마음대로 잘라 멋을 낸 뒤 다른 나뭇가지를 이어 붙인 연리지라서 별 감흥이 나지 않았다. 하지만 우리는 연리지 나무에서 평생을 같이하는 부부의 인연을 유추해 본다. 언제 마을을 빠져나갔는지 모르게 다시 일렁이는 밀밭 사이를 걷고 있었다. 마치 영화 속 주인공처럼 밀밭 사이를 헤치며 나아갔다.

'산토 도밍고 데 라 칼사다'는 카미노 3대 성인 중 한 사람이다. 1019년에 태어나 1109년 90세의 나이로 사망했다. 그의 이름을 딴 도시와 다리도 건너왔다. 그처럼 그는 순례자를 위한 사업에 헌신한 사람이었다. 산토 도밍고 데 라 칼사다 마을의 성당에 들어갔을 때 그곳을 성인

카스틸델가도 초입

이 태어난 곳으로 착각했었는데, 실제로 성인이 태어난 곳은 빌로리아 Viloria de Rioja 마을이란다. 빌로리아 마을에 그가 세례를 받았다는 성당을 바라보며 걷는다. 성당의 모습은 반원형으로 잘 정비되어 있었고 지붕도 원형으로 튀어나와 중세의 양식을 고스란히 간직하고 있는 것으로 보였다. 성당 입구는 현대적인 감각이 돋보이도록 하얀색으로 칠해져 있었지만, 나뭇결을 그대로 살려 놓아 보기에 좋았다. 성당을 지나 평원의 내리막을 걷는데 아내가 네잎클로버를 발견했다.

"네잎 클로버 꽃말이 행운이라는데 우리가 걷는 내내 행운이 있었으면 좋겠다."

"행운은 일회성에 지나지 않지만, 행복은 지속성이 있어 난 행복을 더 좋아해. 세 잎 클로버의 꽃말이 행복이거든. 근데 사람들은 자기 곁에 항상 머무는 행복은 무시하고 어쩌다 나타나는 행운만 염원하고 있으니 얼마나 아이러니야."

비야마요르 Villamayor del Rio 초입에 이르자 빨간색 옷을 입은 꼬마가 순례자 부부의 손을 잡고 걷고 있다. 그 꼬마는 순례를 의식하지 못하고 있겠지만, 카미노를 걸으니 그 또한 순례자가 아닌가. 우리가 본 꼬마는 4킬로미터 전부터 걷고 있었다. 얼마나 발이 아플까? 꼬마 순례자에게 산티아고 성인의 가호가 깃들기를……

다시 국도변을 따라 걷는 여정이 계속된다. 이따금 지나가는 화물차와 버스를 향해 손을 흔들었다. 그들도 손을 흔들어준다. 어느 승용차는 순례자들을 격려하려고 경적을 울린다. 국도를 가로질러 벨로라도 Belorado 에 들어선 첫 느낌은 평원이 지하로 푹 꺼져버린 도시와 같다는 것이었다. 이처럼 도시가 낮다는 것은 물이 흐르는 곳일 뿐만 아니라 적

비야마요르 마을 입구로 걸어가는 꼬마순례자

평야가 푹 꺼진 듯한 장소에 위치한
벨로라도 마을

토산토스 마을 뒤
오카산의 바위를 파내 만든
'라 페나 성모 소성당'

들의 관찰에서 피할 수 있다는 의미다. 중세시대 요새 겸 성당으로 쓰였던 산타 마리아 성당에 이르렀다. 아내는 성당 내부로 들어갔다. 나도 뒤따르려는데 어디선가 "아저씨!" 하고 부르는 소리가 들렸다. 순례 첫째 날 피레네 산맥을 오르며 그렇게도 힘들어하던 지은이다. 둘째 날 수비리에서 저녁 식사를 같이 한 후 이제껏 보지 못했던 지은이를 9일 만에 다시 만났다. 지은이는 며칠을 연주, 종현이와 같이 걷다가 뒤처지자 버스를 타고 이곳까지 왔다는 것이다. 죽기 살기로 이틀이나 걸어야 할 거리를 버스로 단 40분 만에 와 버리니 왠지 허탈했다고 한다. 그리고 우리 뒤에 오는 부산 총각 종현이 일행과 만날 것이라고 했다. 종현이는 어젯밤 기부제 알베르게에서 기타를 연주했던 브라질 청년 베드로 부자와 같은 일행이었는데……. 하기야 순례길의 모든 사람이 서로 만나고 헤어지기를 반복하니 언제 같이 걷고 언제 헤어졌는지를 생각하는 것 자체가 의미 없는 일이다. 우리는 시골 장날이 한창인 산 베드로 성당 앞 벤치에 앉아 빵과 오렌지로 점심을 해결했다. 그때 캐나다 교민 부부가 우리 옆 자리로 다가와 빵으로 점심을 먹는다.

지은이는 다음 마을에서 종현을 기다리겠다며 먼저 출발했고, 우리는 구름이 몰려와 어두워진 하늘에서 비라도 내릴까 봐 걱정하며 천천히 걸었다. 오카산의 바위를 파내 만든 라 페냐 성모 소성당의 모습을 멀리서 감상하며 토산토스Tosantos마을을 지나쳤다. 이곳에 알베르게가 있다는 사실은 알고 있었으나 시설이 좋지 못하다는 소식도 알고 있었기 때문이었다. 지은이가 마을 어귀에 앉아 있었다. 우리는 그곳에서 잠시 휴식을 취하며 지은이와 이런저런 얘기를 주고받았다. 공연기획을 전공하고 있다는 그녀, 휴학하고 이 길을 걷는 이유는 학교에서 배우는 것도 중요하지만, 순례길을 통해 더 다양한 지식을 얻기 위해서라고 한다.

2킬로미터를 더 걸어 비얌비스타Villambistia에 도착했다. 마을 입구에 튼튼한 돌로 지어진 성당이 맨 먼저 순례자들을 맞이하고 있다. 하지만 이곳의 성당은 신부님께서 오시지 않아 미사를 보지 않는다고 했다. 어

비얌비스타에
단 하나 뿐인 알베르게

쩐지 출입구에 잡초가 무성하더라니. 성당 모퉁이를 돌아 시립 알베르게에 여장을 풀었다. 14개의 침상을 갖춘 조그마한 알베르게는 깨끗하여 마음에 들었다. 조금 있으니 캐나다 교포 부부도 들어온다. 그런데 영어만 할 줄 알던 이 노부부는 오스피탈레라와 말이 통하지 않았다. 오스피탈레라가 오로지 에스파냐어만 구사했기 때문이었다. 갑자기 그녀가 사람들을 나에게 데려온다. 그리고 통역해달란다. 난 단지 세탁기 사용료를 물어보고 그것을 알아들었을 뿐인데, 그녀는 내가 에스파냐어에 유창한 사람으로 알았나 보다. 그녀의 말은 어렵지 않았다. 왜냐하면, 숫자만 알면 되기 때문이다. 알베르게 투숙비는 세이스seis, 6유로, 라바도라Lavadora, 세탁기 사용가격은 트레스tres, 3유로, 세카도라Secadora, 건조기는 무료cero, 0이니까 단어만 알아들어도 된다. 결국, 세탁기 사용료가 3유로라는 말 한마디로 에스파냐어에 능통한 사람이 돼 버렸다.

오카산의 언덕길

중세 도적들의 소굴을 통과하다

중세 도적들의
소굴을 통과하다

전원적인 시골 마을의 하늘은 선글라스를 끼지 않고는 바라보지 못할 정도로 짙푸르다. 순례에 나서기 전 병원에서 알레르기 비염약을 무려 1개월분이나 처방받았었다. 약국에서 별도로 산 비염약 등을 합해 약의 무게만도 1킬로그램 정도나 되었다. 하지만 한 번도 약을 먹어보지 못했다. 그만큼 공기가 깨끗하다. 농담 반 진담 반으로 내년 또는 내후년쯤에는 에스파냐에 집을 구해 살아야겠다고 습관처럼 말하고 다녔다. 에스피노사Espinosa del 마을에 들어섰으나 역광을 받아 성모승천 성당이 뿌옇게 보인다. 가까이 다가가 자세히 보고 싶었다.

하지만 르네상스 양식의 성당을 감상하러 마을로 들어가 본다는 것이 쉽
지는 않았다. 먼 거리를 걸어야 할 사람의 마음이 순례길을 벗어날 만큼
여유롭지 못하기 때문이다.

푸른 밀밭, 너무도 많이 봐 온지라 이제는 별다른 감흥이 나지 않는
다. 비야프랑카 몬테스Villafranca montes de Oca 마을을 1킬로미터 정도 앞
두고 무너진 석조물이 밀밭 가운데 버려져 있었다. 9세기경에 세워졌다
는 '산 펠리세스 데 오카'수도원Monasterio de San Felices de Oca이다. 이런 허
허벌판에 수도원이 있었다니……. 하지만 이곳이 부르고스 시市를 세운
'디에고 로드리게스 포르셀로스'가 영면을 취한 곳이라 하니 새롭게 보
인다.

비야프랑카 몬테스 마을은 오카 산의 언덕을 오르는 입구에 있었다.
18세기 신고전주의 양식의 성당을 옆에 두고 언덕을 오른다. 이제 끝나
나 싶으면 다시 언덕이고 내려가는가 싶다가도 다시 언덕으로 이어진다.
예전에는 도둑과 강도가 들끓던 곳이다. 에스파냐에서 도둑질을 하려면
오카 산으로 가라는 말이 있을 정도였다니 얼마나 인적이 드문 곳인지는
상상할 수 있으리라. 쉼터에서 빵과 오렌지로 아침 식사를 하면서 이곳
이 정상이려니 하고 생각했다. 하지만 그곳은 단지 서곡에 불과했다. 언
덕 마루에 오르자 깎아지른 내리막길이 펼쳐지고 조그만 목조다리를 최
저점으로 이내 위로 꺾어진 오르막길이 급경사를 이룬다. 먼 길을 걸어
온 사람들에게 심히 잔인한 산이라는 생각이 들었다. 입에서 저절로 탄
식이 흘러나왔다. 최종 정상부위에 이르자 길은 평탄하게 이어지고, 인

적이 드문 산길은 고도를 낮추지 않는다. 그동안 산 정상부위가 마치 평지처럼 평평하게 보였던 이유를 이제야 알 것 같았다. 순례자를 급습했던 중세의 도적들이 숨어 있기에 최적의 장소다.

우리가 걷는 순례길에는 항상 캠핑카가 한 대 따라오고 있었다. 길을 걷다 보면 어느새 우리 앞에 있었고, 또 가다 보면 우리 앞에 나타나곤 했다. 어제도 그랬고, 오늘도 그랬다. 한적한 산길을 걸어가고 있는데 우리가 순례를 시작한 둘째 날부터 매일 봐왔던 할머니가 걸어가고 있었다. 우리는 그 할머니가 캠핑카에서 나오는 것을 봐왔던지라 할머니와 얘기를 나누기로 했다. 할머니는 홀란드 Holland 에서 할아버지와 함께 캠핑카를 타고 론세스바예스까지 왔다고 했다. 그리고 그녀는 매일 일정한 거리를 걷는데 할아버지가 마을 어귀마다 캠핑카를 끌고 와 기다린다는 것이다. 그렇게 캠핑카에서 쉬고, 씻고, 먹고, 자고 걷는 여정을 매일 반복한다고 했다. 할머니의 평생소원이던 순례를 할아버지가 도와주고 있었다. 걸어서 순례하는 할머니도 할머니지만 그런 할머니를 도와주는 할아버지도 대단한 분이다. 죽기 전 산티아고 순례를 통해 하느님께 더 가까이 다가가고 싶다는 할머니를 뒤로하고 우리 부부는 발걸음을 재촉했다.

"아얏~!"

발바닥의 물집에 뾰족한 돌부리가 정통으로 닿았다. 갑자기 밀려드는 고통에 나도 모르게 소리를 지른 것이다. 아내가 놀라 뒤를 돌아본다. '걱정 반 웃음 반'인 표정을 짓는다. 이리저리 돌을 피해 걷는 내 모습이 걱정스러우면서도 우스꽝스러워 보였나 보다.

산 정상의 평평한 평야를 가로질러 거의 10킬로미터를 걸은 것 같은 기분이 들었다. 카미노 3대 성인 중 한 명인 산 후안 데 오르테가의 이름을 딴 마을에 들어섰다. '산 후안 데 오르테가'수도원이 산 니콜라스 소성당과 맞붙어있었다. 이사벨 여왕조차도 관 뚜껑을 열어보기를 원했다는 산 후안의 관이 수도원 내 별도의 제단 앞에 놓여있었다. 임신과 다산의 성인으로 추앙받던 성인을 경배하며 무사히 아기 낳기를 염원하던 이사벨 여왕이 그의 모습을 보기 위해 관을 열도록 명령하자 하얀 벌떼가 쏟아져 나왔고, 관이 닫히자 벌들이 다시 들어갔다는데, 당시 사람들은 이 하얀 벌 하나하나가 아직 태어나지 않은 아이들의 영혼이라고 믿었다. 수도원 앞의 바르에서 점심을 먹으려고 할 때 캐나다 교민 부부가 들어섰다. 우리와 캐나다 교민 부부가 식사하면서 즐겁게 얘기하는데 "한국 분들이세요?" 하며 한 남자가 들어온다. 그들 일행 4명은 자전거 순례 중이라며 우리를 보고 반가워했다. 한국인 중 걷는 순례자는 많지만, 자전거 순례자는 처음 보았다.

1. 삼각형의 건물이 산 후안 데 오르테가 수도원이고, 왼쪽의 원형 돔이 있는 문이 산 니콜라스 소성당이다.
2. 수도원 내부 '산 후안 데 오르테가'의 석관

수도원 앞 주차장에 그동안 계속 봐왔던 캠핑카가 서 있었다. 나는 캠핑카 앞에 혼자 서 있던 할아버지에게 다가갔다.

"할머니에게 얘기 들었어요. 힘들지 않으세요?"

"힘들긴, 내가 좋아서 하는 일인데요."

"차 안을 좀 봐도 되나요?"

평소에 캠핑카를 갖는 것이 꿈이었다. 그래서 외국의 소형 캠핑카 내부를 보고 싶었다. 캠핑카 내부는 단정하게 정리되어 있었다. 이런 차 한 대 있으면 북한을 통해 시베리아까지 횡단할 수 있을 텐데. 통일돼야 가능하겠지만.

길가에 앙증맞은 들꽃이 만개해 있었다. 마치 우리나라의 큰구슬봉이와 같은 아름다운 꽃이다. 멈춰 서서 사진을 찍다 보니 계속 걷는 아내와 사이가 멀어지곤 했다. 다시 속도를 내서 따라잡기를 몇 번이나 했던가. 갈증이 심했다. 아헤스Agés의 구멍가게에서 콜라와 오늘 저녁거리를 샀다. 구멍가게가 너무 시골스럽고 이국적이라 사진을 찍지 않을 수 없었다. 그때 자전거 순례를 하는 한국인이 우리를 지나쳐가며 "짧은 시간 동안 많이 걸으셨네요"라는 인사의 말

길가에 만개한 들꽃

아헤스 마을의
구멍가게 겸 바르

을 전한다. 마을을 빠져나가는 자동차 길 왼쪽에 산 후안 데 오르테가 성인이 순례자들을 위해 건설했다는 칸토 다리가 중세의 흔적을 그대로 간직하고 있었다. 하지만 지금은 순례자들이 이 다리를 이용하지 않고 그냥 자동차 길로 걸어간다. 성인의 노력이 묻히는 것 같아 안타까웠다.

유럽 인류역사 중 가장 오래되었다는 '호모 안테세소르Homo Anteces-sor'유적지를 지나 아타푸에르카Atapuerca 마을의 첫 번째 알베르게로 들어갔다. 이틀 전 헤어진 경화 씨가 우리를 보며 활짝 웃는다. 오늘 저녁에도 경화 씨의 요리를 맛볼 수 있으려나? 우리 다섯 명은 식탁에 앉아 와인을 곁들여 저녁 식사를 했다. 종현과 지은이도 브라질 청년 베드로 부자 일행과 함께 알베르게에 합류했다. 미사를 드리려고 산 마르틴 교구성당에 갔지만, 담벼락 안의 묘지만 보일 뿐 마을의 가장 높은 곳에 있는 성당은 황폐하게 방치돼 있었다. 에스파냐의 시골 성당 주변에는 통상적으로 오래된 묘지가 있었다. 성당을 통하면 그만큼 하늘나라에 가까이 갈 수 있다는 믿음에 근거한 것으로 보인다.

저녁 시간 알베르게의 휴게실에 앉아 한국인 일행들이 시끌벅적하게 이야기를 나누고 있었다. 그들은 성당에 갔다가 허탕치고 온 나를 보고 내가 천주교 신자임을 알아차린 것 같았다. 그들은 조심스럽게 나에게

산 마르틴 교구성당

질문한다. 왜 천주교에서는 미사 때마다 한 번도 거르지 않고 빵과 포도주를 나눠주는 성체성사를 번거롭게 하느냐는 것이다. 개신교처럼 설교와 기도를 반복하며 신자들 개개인이 몸과 마음을 정결히 하면 되는 것 아니냐는 것이었다.

예수님께서는 또 빵을 들고 감사를 드리신 다음, 그것을 떼어 사도들에게 주시며 말씀하셨다. "이는 너희를 위하여 내어주는 내 몸이다. 너희는 나를 기억하여 이를 행하여라." 또 만찬을 드리신 뒤에 같은 방식으로 잔을 들어 말씀하셨다. "이 잔은 너희를 위하여 흘리는 내 피로 맺는 새 계약이다." 루카 22, 19~20

이렇게 말씀하신 다음 예수님께서는 스스로 십자가에 당신 자신을 봉헌하셨다. 예수 그리스도께서 십자가에 바쳤던 희생 제사를 사제들의 집전으로 봉헌하는 것이 바로 미사다. 특히 빵과 포도주의 형상 안에 그리스도께서 현존하는 것이다. 또한 "너희는 나를 기억하여 이를 행하여라"라는 예수 그리스도의 말씀을 충실히 따르기 때문에 번거롭지만, 미사가 있을 때마다 거르지 않고 성체성사를 한다고 설명했다. 또한, 미사는 말씀 전례와 성찬 전례가 결합되어 있는데 이는 하느님 말씀의 식탁과 예수 그리스도 몸의 식탁이 차려져 있는 것과 같다는 설명도 덧붙였다.

그들이 모두 내 말을 이해했는지는 알 수 없다. 하지만 가톨릭의 미사에 대해 어느 정도 이해의 폭을 넓혀주었다는 데 만족한다.

Olmos de Atapuerca
아타푸에르카
Atapuerca
카르데뉴엘라 리오피코
Cardeñuela Riopico
아헤스
Agés
오르바네하
Orbaneja
부르고스
Burgos
Villayuda O la Ventilla
Ibeas de Juarros
4.24(수)
순례 13일차
아타푸에르카   5.5km
카르데뉴엘라
리오피코
2km   오르바네하   13km   부르고스
∴20.5km

엘시드의 고향을 가다

엘시드의
고향을 가다

그동안 이상기온이었다면 이제 날씨가 따뜻해질 때도 됐는데 여전히 하얀 서리가 온통 대지를 덮었다. 마을을 빠져나오자 울퉁불퉁한 너덜 바위가 오르막을 가득 채우고 있었다. 양 떼의 배웅을 받으며 조심조심 발을 내딛는다. 어제 같으면 발바닥이 아파 걸을 수 없었겠지만, 하룻밤 사이 물집이 많이 아문 것 같아 무난하게 걸었다. 떠오르는 붉은 햇빛에 비친 나무 십자가가 한층 돋보인다. 길가에 간간이 설치된 십자가는 우리가 걷는 길이 순례길이라는 사실을 상기시켜 준다. 언덕 정상은 너른 광야가 펼쳐진 것처럼 광활하여 가슴이 탁 트인다. 저 멀리 부르고스Burgos시가 보인다. 직선으로 간다면 가깝겠는데, 순례길은 왜 그리도 꼬불꼬불 돌아가는지 모르겠다.

아침이슬 대롱대롱 맺혀있는 푸른 밀밭 사이로 조그마한 마

을이 천국의 고요함 속에 묻혀 있다. 환상적인 그림처럼 아름다워 보이는 마을의 정경은 걷는 고통마저 잊게 한다. 너덜 바위 언덕 아래, 두 갈래 길에서는 우리는 망설였다. 마을로 내려가는 길은 왼쪽이고, 순례길을 나타내는 조개 화살표는 오른쪽으로 돼 있다. 나는 가까운 왼쪽 길로 가자고 했으나 아내는 정식 화살표가 있는 오른쪽으로 가잔다. 혹시라도 길을 잘못 들면 다시 돌아 나와야 하는데 그런 위험을 감수할 필요가 있느냐는 것이다. 아내의 말에 동의했다. 우리는 오른쪽으로 방향을 잡았다. 그런데 길이 반원형으로 빙 돌아 원래 우리가 보았던 마을의 뒤쪽으로 연결된다. 그냥 왼쪽 길로 걸었으면 소박한 시골 마을의 정취도 느끼고 거리도 줄였을 텐데 하는 아쉬움은 남지만 어쩌랴. 이미 다 와 버렸는데.

언제부턴가 또각또각 소리가 운율을 맞춘다. 아내와 나, 그리고 주변의 순례자들이 아스팔트 길 위에 스틱을 내디딘다. 헐떡이는 나의 심장 소리도 무거운 나의 발걸음도 또각거리는 스틱 소리와 리듬을 맞추고 있다. 카르데뉴엘라 리오피코Cardeñuela Riopico 마을 바르에 앉아 '카페 콘 레체' 한 잔을 시켜 오전의 추위를 쫓아냈다. 캐나다 교민 부부가 휴식도 취하지 않고 서둘러 걸어간다. 그 부부는 다음 마을인 오르바네하Orbaneja에 도착해서야 바르의 한 귀퉁이를 차지했다.

창고와 현대식 건물이 즐비한 산업화된 도시의 아스팔트 길

을 걸어 부르고스에 진입하자니 발이 저절로 무거워진다. 한적한 시골 길을 걷던 것과 비교하면 부르고스 초입의 길은 길도 아니다. 현대식 건물이 즐비한 거리를 활보하며 대학인 크레덴시알 Credencial Universitaria 에 세요를 받기 위해 약도에 나와 있는 부르고스의 대학 UNED Burgos 건물을 열심히 찾아다녔다. 그러나 약도의 건물에는 대학 학습관이 아예 없다. 지리를 제일 잘 아는 택시 기사에게 다가가 약도를 주며 'UNED' 대학을 물어보았다. 그도 역시 약도상의 건물이 바로 내가 서 있는 건물이지만 그런 학습관은 없다고 설명해 주었다. 여기저기를 물어보며 찾아다녔으나 'UNED'라는 곳은 어디에도 없었다. 결국, 한 시간여를 허비한 다음 최종적으로 환경미화원에게 다시 'UNED'를 물어보면서 "모르면 시 당국에 전화로 물어봐 줬으면 좋겠다"는 말도 덧붙였다. 환경미화원은 시 당국에 직접 전화를 걸어 물어본다. 시에서 알려준 답변은 'UNED'가 이곳에 있는 것이 아니라 여기서 1~2킬로미터 정도를 북쪽으로 올라가면 어떤 강의 지류가 나오는데 그곳 지류 변 건물에 있다는 것이다. 슬그머니 화가 치밀었다. 산티아고 순례에 편승하여 대학인 순례를 만들었으면 약도라도 제대로 만들어야지……. 우리는 'UNED' 찾는 것을 포기했다.

신시가지를 통과해 구시가지까지 가는 길이 너무도 멀다. 거의 4킬로미터를 걸은 것 같았다. 부르고스 신시가지에는 노란 화살표나 조개표지판이 별로 없었다. 'UNED'를 못 찾아 기분이 안 좋은데 화살표도 없으니 더 화가 난다. 순례자들을 위한 배려가 부족한 부르고스시를 원망하며 가까스로 구시가지에 들어섰다. 시립 알베르게에 여장을 풀고 있는데 종현과 지은, 브라질 청년 베드로 부자가 한꺼번에 들어온다. 반가움에 서로 포옹했다. 우리는 서둘러 산타마리아 대성당이라고 부르는 부르고스 대성당을 찾아갔다. 늦으면 문을 닫기 때문이다. 3유로 50센트의 입장료를 내고 성당 안에 있다는 엘 시드의 무덤을 찾아갔다. 대성당 중앙의 평

부르고스 대성당

엘 시드와
그의 아내 히메나의 무덤

평한 바닥에 붉은색 대리석이 깔렸고 그 주위는 흰색 대리석이 깔렸다.
얼핏 보아서는 무덤인지 알 수 없다. 나 또한 에스파냐어로 'Tomba del
Cid y doña Jimena엘 시드와 히메나의 무덤'이라는 안내판을 볼 때까지 평평
한 바닥에 불과한 붉은 대리석 조각이 엘 시드와 그의 부인 히메나의 무
덤이라는 사실을 알지 못했다.

　　서기 813년 성聖야고보의 무덤이 발견된 것과 때를 같이하여 에
스파냐에는 옛 가톨릭의 화려한 영화를 꿈꾸는 '국토회복 전쟁'이
한창 무르익고 있었다. 이러한 와중에서 1140년 한 방랑시인에 의해
에스파냐 문학의 효시라 할 수 있는 '엘 시드의 노래'가 탄생하게 되
었다. 엘시드의 노래는 비슷한 시기에 탄생한 「롤랑의 노래」와 더불
어 무어인에 대항하는 기독교도들의 정신적 지주로 자리 잡는다.
　　바로 이곳 부르고스의 작은 마을 비바르에서 대영웅 서사시 '엘
시드'의 주인공인 로드리고 디아스Rodrigo Díaz de Vivar, 1043~1099가
태어났다. 로드리고 디아스는 카스티야 왕국의 산초 2세Sancho II를

섬기던 국왕의 기수였다. 그는 1067년 산초 왕을 수행하여 이슬람 왕국인 사라고사 원정길에 나섰다. 그는 외교력을 발휘하여 사라고사 왕국을 카스티야의 속국으로 만들었다. 그 이후 산초 2세는 전쟁을 벌여 자신의 동생이자 레온 왕국의 왕이던 알폰소 6세를 축출한다. 그 당시 무장 기사였던 로드리고 디아스가 선봉장 역할을 했음은 당연했다. 그런데 어느 날 산초 2세가 사모라를 공격하던 도중 암살당한다. 그러자 산초 2세의 동생 알폰소 6세가 왕위를 계승하여 두 왕국을 통합하게 되었다. 이때 산초 왕의 기사로 선봉장을 맡았던 로드리고 디아스는 알폰소 6세를 의심하지 않을 수 없었다. 알폰소 6세가 산타 가데아 성당에서 즉위식을 하던 1072년 바로 그때, 로드리고 디아스는 알폰소 6세를 향해 "성경에 손을 얹고 모든 동료 전사들의 이름으로 산초 왕을 암살하지 않았음을 맹세하라"고 다그쳤다. 알폰소 6세는 이를 모욕으로 받아들였지만, 카스티야를 통치하기 위해서는 어쩔 수 없었다. 결국, 자신이 선왕을 해치지 않았다는 맹세를 하게 된다. '산타 가데아의 맹세Jura de Santa Gadea'로 잘 알려진 이 사건이 있은 지 2년 뒤, 알폰소 6세는 자신의 조카딸 히메나를 로드리고 디아스와 결혼시킨다. 당시 알폰소 6세는 카스티야 왕국의 백성들이 로드리고 디아스를 진정한 지도자로 여기고 있었기 때문에 자신의 조카딸과 결혼시켜 순종을 요구했던 것으로 보인다. 하지만 알폰소 6세는 자신을 모욕한 가데아의 맹세를 잊지 않고 있었다. 결국, 로드리고 디아스는 2차례에 걸쳐 추방된다.

서기 1081년 로드리고 디아스는 알폰소 6세의 명령을 무시하고 홀로 톨레도를 공격한 죄로 카스티야 왕국에서 추방당한다. 추방된 뒤 그는 과거 자신이 속국으로 만들었던 무어인 왕국 사라고사에서 일하게 된다. 이듬해 그는 사라고사의 왕 알 무타민을 위해 출정하여 레리다 왕국의 무어인과 기독교 동맹군을 격파한 데 이어, 1084년에는 카스티야·레온 왕국 동남쪽에 위치한 가톨릭계 아라곤 왕국의 군대를 막아내기도 하였다. 이때 세력이 약화된 이슬람 소왕국들은 북아프리카에서 신흥강국으로 대두하던 알모라비데 족을 불러들인다. 1086년 카스티야 왕국의 알폰소 6세는 이슬람세력인 알모라비데 족과의 전투에서 패배한다. 그는 자신에게 모욕을 줬던 로드리고 디아스를 다시 카스티야·레온 왕국으로 불러들였다. 하지만 전투가 소강상태에 빠져 로드리고 디아스는 알모라비데 족과의 전투에 참여하지 못했다. 1087년 카스티야·레온 왕국에 잠시 체류하던 로드리고 디아스는 다시 추방되어 사라고사로 돌아갔다.

추방된 로드리고 디아스는 병사들을 이끌고 무어인들이 정복하고 있던 지중해 쪽으로 향했다. 그는 사라고사에서부터 레리다와 바르셀로나까지 세력을 넓히면서 매번 무어인들과의 전투를 승리로 장식했다. 그에게 대항할 무어인들은 없었다. 그의 가장 위대한 업적은 무어인들의 도시 발렌시아를 정복한 것이었다. 1094년 5월 발렌시아 내에서 반란이 일어나자 이를 기회 삼아 성을 공격, 탈환하였다. 그는 왕이 자신을 추방했을지라도 가데아의 맹세 이후 자신이 충성을 서약했던 알폰소 6세에게 발렌시아의 왕관을 바쳤다. 그리고 왕의 이름으로 도시를 통치했다. 로드리고 디아스는 그곳에서 실질적 통치권을 행사하며 아내 히메나와 함께 3년 동안 평화롭게 살았다. 그러나 평화는 그리 오래가지 못했다. 북아프리카의 알모라비데 족이 발렌시아를 공격한 것이다. 1099년 7월 10일 로드리고 디아스는 대규모 무어인들을 맞아 전투를 벌이다 심장에 활을 맞고 전사했다. 그가 전사한 이후 발렌시아는 함락되었으며, 그 후 125년 동안 이슬람 세력이 점거하게 된다. 그의 아내 히메나는 로드리고 디아스의 시신을 수습하여 그의 고향인 부르고스로 돌아와 현재의 부르고스 대성당에 묻었다.

로드리고 디아스는 자신이 주도한 전투가 끝날 때마다 무어인 족장들에게 "우리는 300여 년 동안 이베리아 반도에서 더불어 살지 않았는가! 그렇기 때문에 종교만 다를 뿐 동등한 에스파냐 사람이다"라며 그들을 풀어주었다. 종교화합의 한 장면이 그때 이미 실현되고 있었다. 이에 감명을 받은 무어인 족장들은 로드리고 디아스의 수하로 들어가 '나의 주군'이라는 뜻의 아랍어 '시드Cid'라는 이름으로 그를 부르게 되었다. 일반적으로 엘 시드라고 부르는 이유는 남성 단수명사 앞에 붙는 정관사 엘el을 첨가했기 때문이다.

'엘 시드의 노래'는 전투에서의 용맹함과 나라에 대한 충성심, 그리고 자신의 딸들을 버린 두 사위를 단죄하는 등 절절한 가족애는 물론, 엘 시드라는 명칭에서 보듯 적들에 대한 관용도 잘 표현하고 있다.

부르고스 대성당 천정의 환상적인 조화와 채광창의 스테인드글라스도 돋보였

다. 무수한 조각상과 부조, 회화들이 내게 실망을 주지 않았다. 전반적으로 고딕 양식이지만 르네상스 양식이 가미된 성당 지붕의 돔들도 볼거리를 제공하고 있었다. 그런데 갑자기 아내가 허리가 끊어질 듯 아프고 현기증이 난다며 휘청거린다. 그동안 너무 무리하여 걸은 탓에 몸살이 난 것 같았다. 서둘러 알베르게로 돌아와 눕도록 했는데 저녁 식사도 못 할 정도로 정신을 차리지 못한다. 아내는 나 혼자 밖에서 밥을 사서 먹으라고 한다. 하지만 아내가 아픈데 어찌 밥이 들어가겠는가. 슈퍼마켓에서 빵과 음료수를 사 들고 아내 침대로 갔다. 아내는 가까스로 일어나 음료수를 마신다. 기력을 회복하려면 많이 먹어야 한다는 내 말에 빵도 조금 먹는 아내를 바라보고 있자니 자꾸만 미안한 생각이 든다. 아프지 말아야 할 텐데……

Quintanilla Vivar
Citores del Páramo
Villanueva de Argaño
타르다호스 Tardajos
부르고스 Burgos
Villafria
Orbaneja Riopico
오르니요스 델 카미노 Hornillos del Camino
라베 데 라스 칼사다스 Rabe de las Calzadas
아로요 산 볼 Arroyo San Bol
4.25(목) 순례 14일차
부르고스 8.5km
타르다호스
1.5km
라베 데 라스 칼사다스 8.5km
오르니요스 델 카미노 5km
아로요 산 볼 ∴23.5km
반지의 제왕에 나오는 중간계에서 하룻밤을

반지의 제왕에 나오는
중간계에서 하룻밤을

하루하루의 피로가 누적되어 다리가 자꾸만 흐물거린다. 발바닥의 물집이 아무는가 싶었는데 그 곁에 또 작은 물집이 생겼다. 다른 이들은 10여 일이 지나면 무릎이나 어깨의 통증은 있을지언정 물집은 완전히 아문다는데 유독 나는 물집이 속을 썩인다. 부르고스 시내를 벗어날 즈음 공원을 끼고 걷는다. 한적한 공원길 왼쪽으로 고풍스러운 외관이 마치 중세의 성문처럼 보이는 부르고스 대학 Universidad de Burgos 정문이 나타났다. 어제 찾지 못한 부르고스 대학 UNED Burgos 은 문제가 되지 않는다. 도시당 1개 이상의 세요만 받으면 되기 때문에 나는 즐거운 마음으로 부르고스 대학 정문의 정보센터에서 세요를 받았다.

우리보다 한 발치 앞서 걸어가는 두 노인네의 발걸음이 더디다. 에스파냐의 시골 마을에서 온 노부부는 손을 꼭 잡고 걸어가며 끊임없이 대화를 나눈다. 인생의 황혼기에 들어선 노부부는 지난날들을 회상하며 서로에 대한 정을 확인하는 것 같았다. 무릎이 좋지 않은 지 절뚝거리는 할머니를 한 손으로 부축하며 세월을 낚는 강태공처럼 느릿느릿 걷고 있

부르고스 대학 정문

순례자의 임시 수레

다. 영어로 말을 걸어봤지만, 전혀 알아듣지를 못한다. 그래도 노부부는 손을 놓지 않고 자랑스러운 듯 걷는다. 손을 잡고 걸으면 오히려 발의 리듬이 맞지 않아 힘들 텐데. 그래도 보기에 좋았다. 알아듣든 말든 한국말로 "할머니 할아버지 오래오래 사세요!"라고 말하며 앞질러 갔다.

타르다호스Tardajos 마을 길옆에 등산용 스틱으로 손잡이를 만들고 그 밑에 바퀴를 달아 배낭을 얹어놓은 임시수레가 보였다. 그때야 우리는 임시수레를 끌고 앞서거니 뒤서거니를 반복했던 순례자의 모습이 생각났다. 우리 부부는 배낭의 무게 때문에 너무 힘들었는데 임시수레를 끌고 가는 그가 한없이 부러웠다. 어디서 저런 바퀴를 살 수 있는지……. 임시수레를 향해 "올라!" 하고 손을 흔들며 인사했다. 그때 저만치 멀리 떨어져 있던 수레 임자가 "부엔 카미노!"라며 답례를 한다. 난 수레에게 인사했는데.

갑자기 화장실이 가고 싶다. 라베 데 라스 칼사다스Rabe de las Calzadas 마을에 들어섰지만, 순례길 주변에는 화장실이 전혀 없다. 우리나라 같으면 절대 이렇게 방치하지 않을 것이다. 화장실도 만들고, 표지판도 통

일시켜 순례자들이 혼란스럽지 않게 할 것
이다. 순례길에서 왼쪽으로 약간 벗어나야
바르가 있다. 우리 부부는 바르로 방향을 잡
았다. 콜라와 레몬쥬스를 시켜 마시며 양말

을 벗어 땀에 젖은 발을 햇볕에 말렸다. 짧은 시간의 휴식, 이 시간만큼은
그 누구도 부럽지 않다. 갑자기 한 철학자가 생각났다.

그리스 동맹군을 격파한 알렉산드로스 대왕 *Alexandros the great* 이 커다
란 술통을 거처로 삼아 살고 있던 코린토스의 철학자 디오게네스 *Diogenes*
를 찾아갔다. 그리고 원하는 것이 무엇인지를 물었다. 그때 디오게네스
는 "대왕이 햇빛을 가리고 있으니 좀 비켜서 주시죠"라고 말한다. 후에
알렉산드로스는 자신이 대왕이 아니라면 디오게네스가 되고 싶다고 중
얼거렸다고 한다. 이처럼 휴식의 중요성이 지대할진대…….

순례길을 따라 라베 마을의 성당 근처로 다시 들어서는 순간 "오 마이
갓!" 하며 탄성을 질렀다. 캐나다 영어선생 해롤드가 땀에 젖어 벤치에
앉아 숨을 고르고 있는 것이 아닌가. 그는 우리 부부의 세례명인 요아킴
과 안나를 번갈아 부른다. 정말 반가워 서로 포옹하고 기념사진도 찍었

헤롤드와 벤치에서

다. 순례 초반 생기가 넘치고 그렇게도 잘 걷던 그였는데 지금은 힘에 부치는지 연거푸 헐떡인다. 하기야 나이가 나이이니만큼.

하늘에 비친 푸른색감이 눈을 시리게 만든다. 선글라스를 꺼내 강렬한 자외선을 차단했다. 나란히 걷고 있던 해롤드에게 순례길을 그렇게 자주 걷는 이유가 무엇이냐고 물었다. 그의 답변이 거창했다. 첫째는 에스파냐어 실력을 배양하고 실전에 적용하기 위해서, 둘째는 인내심을 기르기 위한 것이라고 했다. 그는 예전에는 인내심이 부족하여 일을 스스로 망치곤 했는데 이젠 힘들 때면 고행길을 생각하며 참아낸다는 것이다. 셋째는 동료애를 즐기기 위해서라고 말한다. 순례길에는 한국인, 에스파나인, 프랑스인, 독일인, 네덜란드인 등 다양한 사람들이 문화적 차이를 극복하고 한 가지 목표를 향해 서로 격려해 주며 걸어가는 그런 동료애가 좋다는 것이다. 그는 여기서부터 본격적인 메세타 평원이 시작된다며 내일은 비가 올 것이라는 정보도 알려 준다. 우리는 산티아고 대성당에서 오전 11시에 보기로 다시 한 번 약속했다. "See you on the road!"라는 인사를 하고 그를 앞질러 갔다.

아내와 나는 끝도 없는 평원을 걷고 있다. 높은 평원의 끝, 내리막이 시작되는 지점이다. 오늘의 목적지인 오르니요스_{Hornillos del Camino}가 가까워진다. 끝이 보이니 힘이 빠진다. 마을까지 남은 거리가 왜 그리도 멀게 느껴지는지. 마을에 도착하기 전부터 아내는 배가 고프다고 말한다. 예전에는 배고프다는 말을 한 적이 없는데 오늘은 유달리 배가 고프다고 한다. 우리는 마을 성당 앞 알베르게에 일찍 도착했다. 하지만 오후 1시는 돼야 문을 연다고 해서 순례길 옆 바르에서 순례자 메뉴로 풍성한 오찬을 즐겼다. 모처럼 아내가 배부르게 잘 먹었다며 좋아했다. 나도 기분이 좋았다. 여유 있는 오찬을 마치고 알베르게로 들어가는데 그곳 분위기가 우중충하고 비좁았다. 알베르게 안에는 이미 많은 순례객으로 붐빈다. 우리 차례가 되자 오스피탈레라가 침대가 1개밖에 남지 않았다고 말한다. 우리 부부는 2명인데……. 어쩐지 처음 들어 올 때부터 분위기가 칙칙하다 싶었는데 육감이 들어맞았다. 다음 마을까지는 11킬로미터를 더 가야하는 데 무리인 것 같았지만, 선택의 여지가 없었다. 아내가 내 눈치를 살피며 미안한 듯 말한다.

"알베르게 먼저 들어간 뒤 점심을 먹을 걸, 괜히 점심 먹고 알베르게로 들어가자고 해서 이런 일이 생겼네."

"괜찮아. 그 알베르게 들어갈 때부터 맘에 안 들었어. 난 괜찮은데 당신이 더 걸어도 괜찮겠어?"

산-볼 알베르게 표지판과 십자가

난 정말 괜찮은데 아내는 자기 때문에 뜨거운 한낮의 태양 아래 더 걷게 되었다며 미안해한다. 나는 그런 아내에게 더 좋은 일이 있으라고 그런 일이 생겼을 수도 있다며 아내의 발 상태를 걱정해 주었다. 그래서인지 우리 부부는 힘들이지 않고 씩씩하게 걸을 수 있었다. 앞서 가는 순례자들이 아련히 보였다. 우리는 꾸준히 속도를 높여 그들을 하나둘 제쳐 나갔다. 돌무덤 위에 십자가가 세워져 있는 구릉 정상에서 아래를 내려다보니 왼쪽으로 허름한 농가주택 한 채가 보였다. 전방 800미터에 산 볼 San Bol 알베르게가 있다는 표지판이 우리를 반긴다. 우리는 "설마 저 농가가 알베르게?" 의아해하면서 완만한 경사면을 내려갔다. 갈림길의 표지판에는 알베르게 진입로를 가리키고 있었다. 아내는 아무것도 없는 광야에 달랑 주택 한 채밖에 없어 무섭다며 더 걸을 수 있으니 온타나스 마을까지 가자고 한다. 그렇지만 내 생각은 달랐다. 이 무더위 속에 더 걸으면 아내도 지치고 나의 발바닥 물집도 터질 판이었다. 우리는 왼쪽으로 순례길을 벗어나 산 볼 알베르게로 들어갔다.

허름하고 누추할 것 같은 알베르게 앞에 도착하니 입이 딱 벌어진다.

1. 산볼 알베르게
2. 누군가 '생명의 샘'이라고 써놓았다.
   산 볼 알베르게 측면의 샘물

깨끗하게 단장된 돌집은 시골풍의 전원적이고, 운치 있고, 한적하고, 쾌적하여 나무랄 데 없는 내 스타일이었다. 우리는 실로 오랜만에 옹달샘물에 손빨래를 하며 메세타 평원의 적막함을 즐겼다. 알베르게 옆 옹달샘에서 나오는 물은 풍성했다. 이곳의 지명이 아로요 산 볼Arroyo San Bol인 이유를 알 것 같았다. 아로요Arroyo는 시내 또는 개울이라는 뜻이니 샘물이 솟아나와 실개천을 이룬 마을이라는 의미가 아니겠는가. 물이 있으면 마을은 자연히 형성되니 하는 말이다. 아내와 나는 이전 마을의 알베르게에 묵지 않은 것이 전화위복이 됐다며 즐거워했다. 이곳은 유대인이 많이 살던 마을로 산 바우디요 수도원이 있었다고 한다. 그러나 언제부터인가 수수께끼처럼 사람들이 이 마을을 떠나기 시작했다. 그래서인지 주변에는 폐허로 변해버린 수도원 터와 집들의 잔해가 곳곳에 나뒹굴고 있어 적막한 평원의 분위기를 더욱 고요하게 만들고 있었다.

그곳에는 반가운 사람이 있었다. 순례 둘째 날 발을 질질 끌다시피 걷던 핀란드 모녀였다. 빨래까지 마친 모녀는 책을 읽고 있었다. 핀란드 어머니는 성경을 읽다가 나를 보고 조용기 목사님을 아느냐고 묻는다. 그녀는 개신교 신자인데 조용기 목사님의 설교를 직접 들은 적이 있다며 훌륭한 분이라고 추켜세운다. 또한, 성지 순례에 구교Catholic와 신교Protestant가 무슨 차이가 있느냐며 자신은 그냥 기독교도Christian라고 말한다. 그녀의 딸은 중학교를 졸업하고 고등학교에 진학하지 않았다. 그녀는 자신의 딸이 카메라를 좋아해서 순례를 마치면 전문적인 기술학교에 보내 카메라 기법을 배우도록 할 것이라고 말한다. 우리나라 어머니들 같았으면 고교나 대학에 진학하지 않는다고 난리법석을 피웠을 법한데. 학벌을 중요시하지 않고 실용적인 학문과 기술을 추구하는 그네들의 사고방식이 부럽다.

톨킨의 '반지의 제왕'에 등장하는 중간계라는 원형의 지붕은 이곳에서 묵은 사람만 알 수 있다는데 신비스러움을 간직하기 위해 중간계 지붕의 용도를 말해야 할지 고민이다. 저녁 식사를 마치자 오스피탈레로는 발전기를 끄고 자신의 집으로 가버렸다. 이제 전기도 들어오지 않는다. 오로지 랜턴 불에 의지해야 한다. 다른 일행 4명은 이미 꿈나라로 간 듯했다. 저녁 9시인데도 밖은 여전히 환하다. 10시가 되어서야 점차 어둠이 내려앉는다. 바람이 몰아치는 초저녁의 광야는 무섭도록 적막하다. 아내와 나는 창밖을 내다보며 이런저런 얘기에 몰입했다. 3월에서 4월 초순에는 이런 허허 들판에서 1명이 묵은 적도 있다 하니 얼마나 적막했겠는가. 주변마을과는 최소한 5~6킬로미터 이상 떨어져 있으니 폐허의 마을에서 나타나는 유령을 상상할 수 있으리라.

참! 중간계 원형 지붕 꼭대기에는 하늘을 바라볼 수 있도록 구멍이 뚫려 있고, 그 아래에는 둥근 식탁이 자리 잡고 있다. 캄캄한 밤, 불조차 들어오지 않는 적막한 평원 한가운데에서 식탁에 둘러앉아 촛불을 켜고 하늘의 별을 바라보며 기도하기에 좋은 공간이라는 생각이 든다. 잠자리에 들기 전, 나지막이 소리 내어 기도했다. 마음의 평화, 카타르시스가 내면 깊숙이 찾아온다.

온타나스 마을 입구

Osorno
Melgar de Fernamental
Sasamón
Citores del Páramo
Lantadilla
Yudego
카스트로헤리스
Castrojeriz
아로요 산 볼
Arroyo San Bol
이테로 델 카스티요
Itero del Castillo
온타나스
Hontanas
이테로 데 라 베가
Itero de la Vega
산 안톤 아치
Arco de San Anton
4.26(금)
순례 15일차
아로요 산 볼   6km
온타나스
6km
산 안톤 아치   4km   카스트로헤리스
10km
이테로 델 카스티요
이테로 데 라 베가
∴27km   1km
'살사 콘 살'을
사다

'살사 콘 살'을 사다

　　　　한적하고 고요한 알베르게, 너무 적막감이 감돌았나 보다. 6명의 순례자 전원이 모두 늦게 자리에서 일어났다. 8시가 넘어서야 짐을 챙겨 들고 여정에 나선다. 늦었다는 생각에 조급증이 앞섰다. 세월 속에 누적된 조급증은 순례 기간 내내 속도와 거리에 대한 압박으로 이어지곤 했다. 갈라졌다 다시 이어지는 순례길, 우리가 순례길에 들어서자 캐나다 교민 부부가 저만치에서 힘들게 걸어온다. 비가 내렸는지 모두 판초 우의를 거추장스럽게 뒤집어쓰고 있다. 여기는 잔뜩 흐리기만 할 뿐 비는 내리지 않았다. 덥지 않아 좋다. 너무 힘들어하는 아주머니의 미소에 힘든 표정이 잔뜩 서려 있다. 하루 정도 쉬어갔으면 좋으련만 나이도 많은 아저씨는 매일 20~30킬로미터를 강행군한다. 때로는 홀로, 때로는 함께하기도 하는 곳이 카미노다. 함께하고 싶지만, 더딘 걸음에 발을 맞추기 어려웠다. 우리는 교민 부부를 뒤로하고 어젯밤 알베르게의 환상적인 드라마를 얘기하며 즐거워했다. 하늘은 금방이라도 비를 뿌릴 듯 잔뜩 찌푸려있다.

　　어제 묵은 아로요 산 볼은 샘물이 있으니 마을이 형성될 조건이 되었다. 다음 마을인 온타나스Hontanas도 해발 850미터가 넘는 고원지대이지만, 움푹 꺼진 계곡 사이에 들어서 있었다. 이 마을 또한 적의 관측에서 피할 수 있었을 뿐만 아니라 물도 얻기 쉬웠을 것이다. 나는 아내에게 에스파냐의 중세마을은 대개 언덕과 계곡을 중심으로 형성되어 있다며 그

이유를 설명했다. 평원 아래로 온타나스 마을이 나타난다. 마을 입구의 순례길에 마치 이누이트_{에스키모} 족의 얼음집과 같은 돌집이 우리를 반겼다. 이누이트의 돌집은 순례자 쉼터로 롤랑이 거인과 혈투를 벌였던 곳에 있는 것과 똑같은 모습이었다. 마을의 바르에서 늦은 아침 식사를 했다. 크루아상 빵과 카페 콘 레체는 찰떡궁합이다. 커피의 따뜻함이 목을 타고 충만한 기운을 전신에 골고루 분산시킨다. 바로 이 기분이다, 내가 아직도 카미노를 걷고 있다는. 카미노를 걷다 보면 산티아고를 순례하는지 아니면 카미노를 순례하는지 혼돈에 빠질 때가 있다. 하지만 우리의 목적지는 산티아고 성인의 무덤이니 카미노를 순례하든 산티아고를 순례하든 궁극적인 목표는 같은 곳을 향해 나아간다는 사실이다.

초원의 푸른색을 감상하며 얼마나 걸었을까. 메세타 평원 오른쪽으로 다 무너진 기둥 하나와 그런대로 잘 쌓인 돌담을 지나간다. 산 비센테

산 비센테 성당 터

성당 유적이다. 이곳도 폐허로 변해버린 과거의 중세마을이었음을 머릿속에 그려 본다. 다시 자동차 도로와 합류했다. 자동차가 지나다니는 도로 위로 중세의 아치형 건물이 웅장한 모습을 드러냈다. 산 안톤 아치Arco de San Anton라고 부르는 이 건물은 과거 순례자들을 도와줬던 산 안톤 수도원과 순례자 병원의 잔해였다. 산 안톤 아치 아래에 많은 사람의 기도문이 놓여 있다. 나는 그곳에 서서 이기수 신부님의 헌신 사업이 잘 이뤄지기를 소망했다.

고대 로마가 에스파냐를 지배하던 시절, 주변을 감시하기 위해 산정에 쌓았던 성곽이 우리를 내려다보고 있다. 성곽 아래로 카스트로헤리스Castrojeriz 마을이 마치 그림에서나 볼 수 있는 환상적인 아름다움으로 둘러싸여 있었다. 마을 입구 산타 마리아 델 만사노 부속성당 맞은편에 바르가 있었다. 우리는 이곳에서 쉴까 하다가 조금 더 마을로 들어가 쉬기로 마음먹었다. 마을 중심부로 가기 위해 왼쪽으로 방향을 틀자 산 아래 조그만 촌가가 아름다운 분위기를 연출하고 있었다. 갑자기 이곳에서 살고 싶다는 생각이 들었다.

"저 빈집을 우리가 사 버릴까?"

"저기서 뭘 먹고 살아?"

"내가 순례 성수기에 바르를 하지 뭐."

농담 반 진담 반으로 이야기를 주고받는다. 마을 중심부의 산 후안 성당, 미사가 열리지 않는지 낡은 문과 광장이 눈에 밟힌다. 중세의 유적이 그대로 방치되어 안타까웠다. 이런 성당을 우리나라에 옮겨놓는다면 어마어마한 문화유산이 될 텐데…… 카스트로헤리스 마을에서 휴식을 취하며 생리현상을 해결하려던 계획이 물거품이 되었다. 그 뒤로 전혀 바르나 카페테리아가 없었기 때문이다.

"아까 그 빈집이 바르를 하기에 최적의 장소인데. 그러면 순례자들이 생리현상도 해결하고 마실 것도 사 먹고, 주인은 돈 벌고. 일석이조인데."

"에스파냐 사람들은 한국 사람처럼 악착스럽지 못해서 그런 생각 안 할 거야. 우리 같으면 벌써 그곳을 이용했을 텐데. 에스파냐가 다른 유럽 국가에 비해 못 사는 것도 다 이유가 있어."

아내의 말에 전적으로 동의한다. 오후에는 시에스타라고 잠을 자고, 순례길 옆 시골집은 그냥 방치하고, 9시나 되어야 저녁 식사를 하고, 그저 놀고먹기만 하니 언제 일을 하나. 결국, 생리현상은 너른 평야의 은밀한 곳에서 해결했다. 하지만 나뿐만이 아니었다. 여기저기 생리현상을 해결한 흔적이 널려있다.

해발 1천 50미터의 모스텔라레스 언덕! 언덕의 측면을 따라 하얀 분 필로 선을 그은 듯 꾸준히 오르막이 이어지는 순례길이 우리를 압도한 다. 먹구름이 우리를 따라다녀 덥지 않아 다행이다. 오늘과 달리 덥디더 운 어느 날 이곳을 오르는 순례자들은 얼마나 땀을 많이 흘렸을까? 그런 사람을 배려하기라도 하듯 언덕의 정상에 쉼터가 있었다. 정상에서 내려 다보는 아랫마을의 풍경이 장관이다. 하지만 오르막이 있으면 내리막이 있다고 했던가. 가파르게 펼쳐진 내리막길은 콘크리트로 포장되어 가뜩 이나 아픈 발을 더욱 아프게 만든다. 발이 앞으로 쏠리자 발가락이 등산 화 끝에 닿아 아프기 짝이 없다. 지그재그로 걸어 무릎과 발가락의 충격 을 완화했다.

메세타 평원, 가도 가도 끝이 보이지 않는다. 대부분의 순례자는 작열 하는 태양 아래 마냥 걸어야 하는 메세타 평원이 싫다고 한다. 그래서 부 르고스에서 레온까지 버스를 타고 건너뛰는 사람도 있다. 그렇지만 나는 메세타 평원을 벗어날 때까지 지루하다거나 덥다는 느낌을 받지 못했다. 오르막과 내리막이 많지 않아 오히려 좋았다. 앞뒤로 순례자 1명씩이 우 리와 보폭을 맞추며 걷는다. 서서히 지쳐갈 무렵 오른쪽으로 이테로 델 카스티요Itero del Castillo 마을의 성당 첨탑이 보였다. 그곳의 산 니콜라스 알베르게가 한적하고 좋다는데……. 마음은 그곳을 향했으나 거리에 대 한 압박이 우리 부부에게 조급증을 던져 주었다. 그곳은 순례길에서 1킬 로미터를 벗어났다 되돌아와야 하기 때문이다. 왼쪽으로 방향을 틀어 이테로 데 라 베가*Itero de la Vega* 마을을 향해 갔다.

알폰소 6세가 카스티야와 레온 왕국을 통합한 기념으로 건설했다는 이테로 다리가 나타났다. 단숨에 달려가고 싶었지만, 다리가 말을 듣지 않는다. 다리를 건너기 직전, 우리는 현재 순례자 병원으로 쓰이는 산 니콜라스 소성당 앞의 벤치에 앉아 꿈결 같은 휴식을 취했다. 발바닥 물집을 치료할 겸 문을 밀어보았으나 굳게 닫혀있다. 소성당 뒤에 오스피탈레라가 있는데도 시에스타 시간이라고 신경도 쓰지 않는다. 피수에르가 강 위의 이테로 다리, 순례자들이 이 다리를 건너며 삶을 새롭게 시작한다는 의미에서 '시작하는 사람들의 다리'라고도 부른다. 27년간 다니던 직장을 그만두기 직전에 순례에 나선 나에게 이 다리가 새롭게 다가왔다. 그렇다! 나도 이제 새롭게 제2의 인생을 시작하리라.

이테로 마을의 시립 알베르게5유로는 성당 광장 옆에 있었다. 단층 침대로만 되어 있어 편하게 앉을 수 있어 좋았다. 부엌*Cocina*을 갖추고 있는

이테로 다리

알베르게다. 우리가 알베르게에 도착한 직후 비와 우박이 내리기 시작했다. 우리는 비바람을 모두 피했으니 다행이다 싶었다. 저녁을 스파게티로 대신하려고 슈퍼마켓을 찾아가는데 이상하게 다른 길로 돌아가고 싶다는 생각이 들었다. 멀면 얼마나 멀겠는가 하는 생각으로 길을 돌아가는데 낯익은 소리가 들린다. 빗속에 걸어왔던 지은이가 어떤 할머니에게 알베르게의 위치를 묻고 있는 것이었다. 추위에 찌든 지은이가 나를 보고 너무도 반가워한다.

지은이와 우리 부부, 이렇게 셋이서 저녁을 먹는데 스파게티가 너무 싱겁다. 소스를 2병이나 넣었는데도 완전 맹탕이다. 다시 슈퍼마켓을 찾아 소금이 들어있는 소스를 찾았으나 의사불통이었다. salt솔트, 소금라는 영어가 전혀 통하지 않는다. 에스파냐어로 스파게티 소스는 살사Salsa, 위드with는 콘con이라는 것은 알고 있었다. 하지만 소금이라는 단어는 영어 솔트 밖에 몰랐다. 말을 하다하다 안 되자 내 나름대로 솔트를 에스파냐식 발음으로 대체했다. "살사 콘 살트" 하고 말하자 기적이 일어났다. 슈퍼마켓 주인이 다시 "살사 콘 살?" 하고 묻는다. 그냥 고개를 끄덕였더니 소금이 함유된 토마토소스를 내 준다. 살sal이 소금이었다. 우리는 결국, 맛있는 스파게티를 먹을 수 있었다.

성당 미사가 없다. 조그만 마을의 성당은 미사를 잘 드리지 않는다는 것이다. 미사 참례를 하지 못한 나는 에스파냐 문화자산으로 지정된 심판의 기둥을 찾아갔다. 하늘에는 먹구름이 떠다니고, 지상에는 바람이 강하게 몰아친다. 죄수의 쇠사슬을 묶을 수 있도록 중간에 쇠고리가 달

에스파냐 문화자산인 심판의 기둥

린 심판의 기둥은 중세 죄수들을 심판했던 장소다. 고딕 양식의 이 기둥 뒤로 구름을 뚫고 둥근 달이 휘영청 떠오른다.

차도를 따라 펼쳐진 순례길

산티아고
순 례 길

템플기사단이 건립한 성당에서 미사를 드리다

템플기사단이 건립한 성당에서
미사를 드리다

　어젯밤 내린 비 때문인지 아침부터 기온이 뚝 떨어졌
다. 바람막이 재킷으로는 추위를 막기에 역부족이다. 방한용 재킷을 가
져오지 못한 것이 내내 후회됐다. 이태리포플러 나무가 줄지어 서 있는
신작로를 따라 걸으며 아내와 도란도란 얘기를 나누다 박정희 전 대통령
으로 화제가 옮겨갔다. 우리가 어렸던 시절 박 대통령은 치산녹화 사업

의 일환으로 마을길에 이태리포플러를 심도록 했다. 그 나무의 성장이 제일 빨랐기 때문이었다. 당시 우리는 썰매를 만들기 위해 몰래 이태리 포플러를 잘라 쓰기도 했지만, 그러한 나무심기 결과로 오늘날 우리 산하는 울창한 산림으로 덮여있다. 요즘 세태는 누가 잘했다는 말에 인색하다. 잘못한 것만 물고 늘어진다. 하지만 정치적인 견해를 떠나 산림녹화에 대한 박정희 전 대통령의 공적은 인정해 줘야 된다는 것이 우리 대화의 요지였다.

보아디야Boadilla del Camino 마을에 도착해서야 슬슬 배가 고파오기 시작했다. 마을 초입의 바르로 무작정 들어갔다. 어제 첫 번째 바르를 그냥 지나친 후 두 번째 바르를 발견하지 못한 데서 얻은 교훈 때문이다. 이 마을에도 죄인들을 묶어놓고 처형했다는 심판의 기둥이 있었다. 영주나 귀족들의 간섭 없이 주민들이 죄수를 처형했다는데 마녀사냥식의 무고한 피해자가 없었기만을 바랐다. 식사를 마치고 가려는데 마을의 한 창고 벤치에 지은이가 추위에 떨며 앉아 있었다. 바르를 찾지 못해 그곳에서 쉬고 있다는 것이다. 우리와 보폭이 다르고 속도가 다르더라도 정말 같이 가고 싶었다. 하지만 순례 시작 후 3일 동안 같이 다녔던 수연 씨 생각이 났다. 오히려 우리 때문에 더 힘들어했다는 그녀로 인해 깨달은 것이 있다면 카미노는 함께이면서도 혼자라는 것이었다. 마음은 아프지만 스스로 행동하도록 놔두기로 했다. 그녀에게 아침 식사 대용으로 비스켓을 건네주고 먼저 떠났다. 아내도 그녀가 추위에 떨고 있었는데 여분의 옷이 없어 주지 못했다며 걱정한다.

카스티야 운하 제방 위를 걸어간다. 운하의 물도 우리와 나란히 흘러 간다. 과거에는 200킬로미터가 넘는 운하를 통해 카스티야 내륙과 칸타 브리아 해안 사이의 물류 이동을 담당했다고 하는데, 지금은 그저 관개 용도로만 쓰이는 것 같아 아쉽다. 층층이 수위를 낮추는 운하의 갑문은 어디로 갔는지. 지금은 단 하나의 수문이 물을 차단하고 있는데 옆으로 물이 세차게 새어나오고 있었다. 빨리 수리하지 않으면 붕괴될 것이 뻔 하다. 운하의 수문 위를 걸어 프로미스타 Frómista 마을로 들어갔다. 오늘 여정의 종착지인 비얄카사르 Villalcázar de Sirga 까지는 자동차 도로 옆으로

카스티야 운하

나란히 뻗어있는 순례길을 끝도 없이 무한히 걸어가야 한다. 갈림길조차 없는 순례길을 걷고 걸어 포블라시온Población de Campos 마을을 지나 레벵가Revenga de Campos 에 이르러 바르에 들어갔다. 커피와 가벼운 빵으로 점심을 하는데 갑자기 비와 우박이 쏟아졌다. 우리는 비를 피하는데 도사인 것 같았다. 어제는 알베르게에 도착한 이후에야 진눈개비가 내렸고, 오늘도 바르에 들어간 후에야 우박이 내린다. 아내는 지은이를 생각했는지 "어린 애가 이 우박을 다 맞으며 걸을 텐데" 하며 걱정이 태산이다. 우리 딸과 나이가 같아서인지 아내는 유독 지은이를 걱정한다. 나중에 알았지만 지은이는 이 비와 우박을 다 맞고 걸었단다.

풍경이 바뀌었다. 하늘에 먹구름이 점차 물러가고 파란 하늘이 살포시 고개를 내밀었다. 한 자동차가 비가 그치기를 기다렸다는 듯 달려와 순례길 곁에 주차했다. 그리고 한 노인이 순례자들을 맞이한다. 가까이 다가가자 그 노인은 자신이 직접 경작한 농산물이라며 아몬드와 사탕을

아몬드와 사탕을
나눠주는 노인

나눠주었다. 그리고 자신의 밭에 자라고 있는 아몬드 나무를 손으로 가리킨다. 자신이 수확한 농산물을 순례자들과 나누는 마음이 아름답다. 노인은 스탬프와 잉크를 들고 나와 차량 보닛에 올려놓고 순례자들의 크레덴시알에 자신만의 세요를 찍어준다. 신의 은총이 노인과 함께 하기를 빌어본다. 이 길은 혹서酷暑로 유명한 길이지만 우리는 내내 혹한酷寒에 떨어야 했다.

지평선을 따라 마을이 낮게 보였다. 비야르멘테로Villamentero de Campos 마을이다. 우리가 걷는 좌우가 온통 먹구름으로 뒤덮여 있었다. 그런데 우리 앞은 하얀 뭉게구름이 떠다닌다. 길 양측 멀리서 비가 내리는 모습이 보였지만 유독 우리가 걷는 길에는 비가 내리지 않는다. 비야르멘테로 마을을 지나쳐 오늘의 종착지인 비얄카사르 마을에 다다를 때까지 모세가 홍해를 갈랐던 기적처럼 우리 부부도 구름을 가르는 기적을 일으켰다. 또 다른 기적도 있었다. 신부님께서 '카톡' 문자를 보내신 것이다. 그동안 와이파이WiFi가 되지 않아 문자 확인을 못했는데 이곳 바르에서는 와이파이가 된다. 신부님께서 우리에게 주신 두 가지 과제 중 하나는 이뤄졌다는 것이다. 이제 한 가지를 위해 열심히 기도해야 하겠다.

비얄카사르는 템플기사단이 메세타 평원의 순례자들을 보호하기 위해 거점으로 삼았던 마을답게 13세기 템플기사단이 건축한 블랑카 성모 성당이 위용을 자랑하고 있었다. 한 무리의 관광객이 성당으로 들어가 이곳저곳 열심히 둘러본다. 템플기사단은 예루살렘 순례자들을 보호하기 위해 결성되었으나 이슬람 세력이 예루살렘을 점령한 이후 산티아고로의 순례가 급증하자 산티아고 순례자들을 보호하기 위해 에스파냐로 진출하게 되었다.

다빈치코드와 같은 비밀주의 소설에 자주 등장하는 템플기사단은 1118년 프랑스의 젊은 기사 9명이 청빈, 순결, 복종을 서약하며 '예수 그리스도의 가난한 군병들'이라는 이름으로 출발한 비밀결사 단체였다. 이들은 성지 순례자들을 보호하면서 엄청난 부富와 권력을 거머쥐게 된다. 하지만 그로부터 약 200년 후 이 단체는 이단과 우상숭배, 동성애 혐의로 재판을 받게 되었다. 템플기사단에 많은 채무를 지고 있던 프랑스의 필립 4세로부터 이교를 섬긴다는 명목으로 고발되었기 때문이다. 당시 교황 클레멘스 5세는 템플기사단을 해체하면서 에스파냐 내부의 부동산 9천여 곳을 몰수하였다. 또한 극심한 고문을 받은 231명의 기사가 직위 해제됐고, 50명이 화형 등의 방법으로 처형됨으로써 1312년 템플기사단은 공식 와해되었다.

지난 2007년 10월 교황청이 공개한 템플기사단에 대한 종교재판 1309~1311년 기록에 따르면, 교황 클레멘스 5세는 템플기사단이 이단이 아님을 인정하지만, 이들을 고발한 프랑스 왕 필립 4세와의 평화를 위해 해체에 나섰다고 밝히고 있다. 이는 필립 4세가 템플기사단에 진 빚을 갚지 않기 위해 벌인 자작극일 가능성을 높여주는 자료이다.

블랑카 성모성당 앞의 기부제 알베르게에 들어가니 경화 씨가 우리를 반긴다. 다닥다닥 붙어있는 흔들리는 침대의 열악함은 그렇다치고 뜨거운 물조차 나오지 않아 추위에 떨며 냉수로 샤워를 해야 했다. 아내는 샤워 후 온몸이 떨린다며 몸살기를 호소한다. 오늘 저녁도 경화 씨의 요리솜씨 덕에 위장이 호사했다. 설거지를 해야 하는데 미사 시간이 가까워왔다. 경화 씨가 설거지도 마저 할 테니 얼른 성당에 가란다. 우리 부부는 노 신부님의 카랑카랑한 목소리를 들으며 미사를 드렸다. 나중에 경화 씨도 미사에 참례했다. 육중한 돌기둥 사이 의자에 앉으니 템플기사단의 기사들이 미사를 드리고 있는 듯 엄숙함이 저절로 묻어났다. 미사를 마친 노 신부님께서 성당의 큰 문을 잠그려고 가방을 놓을 데가 없는지 두리번거렸다. 얼른 가방을 들어 드렸다. 그런데 계단을 내려오는 신부님의 발걸음이 휘청거린다. 곁에서 부축하여 승용차 앞까지 모셔드리자 백발이 성성한 노 신부님이 살짝 웃었다. 말이 통하지 않으니 웃음이 최고다.

블랑카 성모성당

블랑카 성모성당에서
미사를 드리는 모습

산티아고
순 례 길

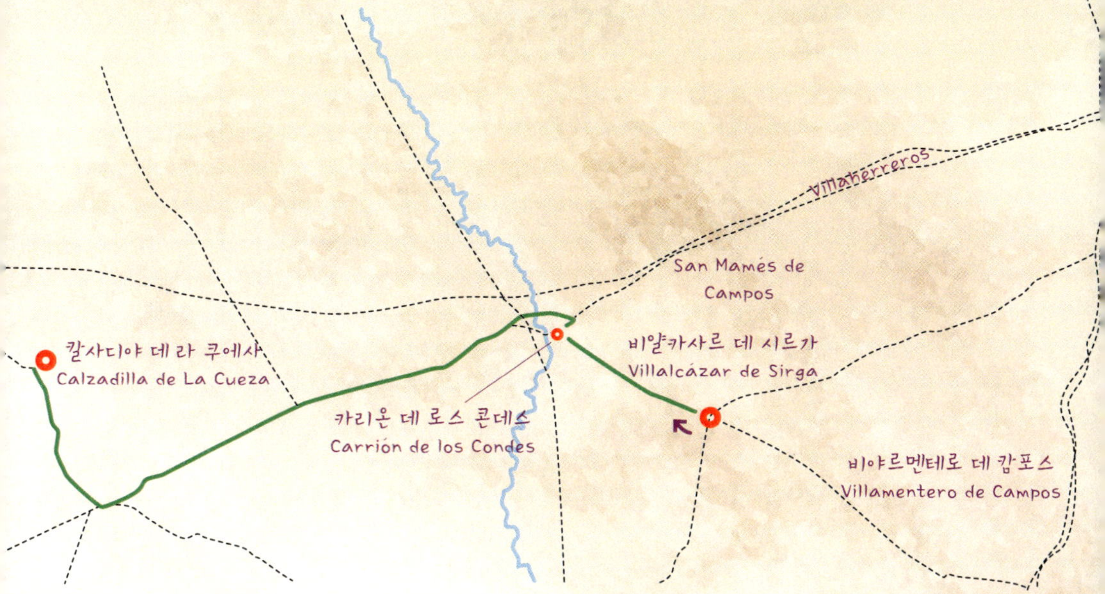

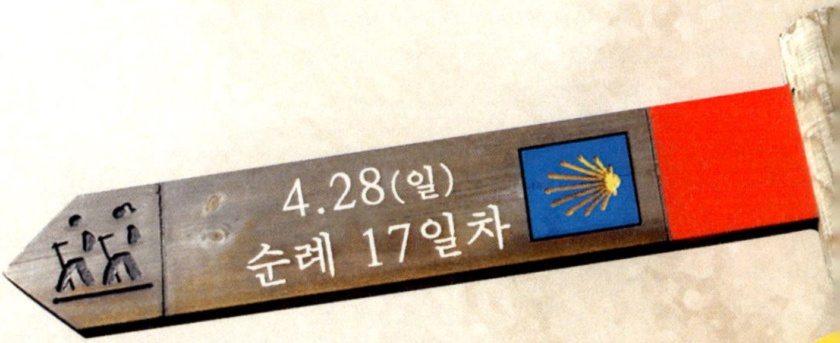

비얄카사르 데 시르가 → 5.5km → 카리온 데 로스 콘데스 → 17.5km → 칼사디야 데 라 쿠에사

∴23km

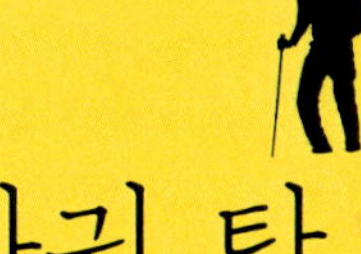

당나귀 탄 가족 순례자를 보다

당나귀 탄
가족 순례자를 보다

어제의 눈보라는 물러가고 아침부터 햇살이 내리쬔다. 그러나 기온은 급강하, 순례길을 걸은 이래 가장 추운 것 같았다. 저 멀리 뒤에서 태양이 슬며시 떠오르자 모락모락 피어오르는 아침 안개가 뿌옇게 투사되어 정겹기까지 하다. 시골의 싱그러운 풍경이 상쾌하다 못해 행복감에 젖게 만든다. 이른 새벽 아내와 함께 걷는 나는 정말로 행복한 사람이다. 사오월의 메세타 평원은 더위로 힘들다는데 우리는 추위로 걷기조차 힘들다. 아내는 옷 속에 트레이닝복을 껴입었고, 나는 덕다운 파커를 재킷 안에 입었다. 순례 7일째 밤부터 추워지기 시작한 날씨가 좀처럼 올라가질 않는다.

가족순례자

하얀 서리가 증발되어 안개로 피어오른다. 카리온_{Carrión de los Condes}
에 들어서자 소박한 시골성당이 보였다. 그 앞으로 중세에서나 봄직한
가족 순례자들이 당나귀를 끌고 지나간다. 두 아이는 당나귀에 타고 있
었고, 부모는 당나귀를 한 마리씩 끌고 있었다. 당나귀 잔등에 앉은 꼬
마 아이가 코를 흘리며 오들오들 떨고 있는 모습이 안쓰러웠다. 천막과
솥 같은 짐을 잔뜩 싣고 가는 당나귀도 힘들어 보이긴 마찬가지였다. 신
에게 다가가는 여정이 얼마나 간절했으면 이 추운 날 고행길도 마다하지
않았을까. 신이시여! 그들에게 자비를 베푸소서.

추위로 얼어붙은 몸도 녹일 겸 아침 식사도 할 겸 카리온의 바르에 들
렀다. 서둘러 출발했던 경화 씨가 그곳에 앉아 방긋 웃는다. 그녀는 우리
부부에게 따뜻한 카페 콘 레체를 사준다. 마음이 아름다워 커피 맛도 향
긋하다. 항상 만났다가 헤어지기를 반복하는 우리들, 바르에서 출발은
각자다. 우리 부부는 옛 성벽의 무너진 곳을 지나 12세기에 최초 건립되
었다는 산타 마리아 델 카미노 성당 앞에 섰다. 이슬람교도들에게 처녀
들을 바쳐야 했던 이 도시에서 성당이 갖는 의미는 상당하다. 처녀 4명이
성모 마리아께 자신들을 도와줄 것을 기원하자 성모께서 황소 네 마리를
보내 무어인을 쫓아냈다는 전설이 스며있기 때문이다. 오래된 중세의 다
리를 건너는데 강변에 나무들이 유달리 무성했다. '엘시드의 노래'에 등
장하는 이곳 카리온 마을의 나무에도 엘시드의 숨결이 숨어있는 듯 보
였다.

엘 시드의 딸 두 명이 이곳의 백작들과 결혼을 했다. 하지만 포악한

백작들은 그녀들의 옷을 벗겨 이곳 떡갈나무에 묶어놓고 채찍질을 가하곤 했다. 이에 분개한 엘시드는 두 백작과 결투를 신청했고, 두 백작은 결투에서 패해 모든 재산을 잃고 도망가다 죽었다고 한다.

중세의 전설을 느낄 시간도 없이 조급함의 중압감에 짓눌려 발걸음을 재촉했다. 고급 호텔로 개조된 산 소일로 왕립수도원의 배웅을 받으며 마을 빠져나갔다. 이제부터는 마을도 없는 평원을 17킬로미터나 걸어야 한다. 햇빛은 꾸준하였지만, 바람은 차가워 메세타 평원에서 때늦은 동장군과의 전투를 치른다. 경화 씨와 합류하여 평원의 양지바른 쉼터에서 빵과 과일로 점식식사를 했다. 하지만 달콤한 휴식도 추위로 인해 더 즐기기 힘들다. 서둘러 자리를 치우고 다시 걷다보니 바람을 막을 수 있는 쉼터가 나온다. 쉼터에는 순례를 하는 개가 있었다. 벌써 2번이나 풀코스 순례를 마쳤단다. 작은 개가 주인 따라다니느라 고생한다 싶어 비스켓을 주었다. 허나 주인이 먹으라는 말을 할 때까지 먹지 않는다. 그동안 사나흘 헤어졌다 만나기를 반복했지만, 이처럼 주인 말에 순종하는 개인지는 몰랐다. 개의 이름은 페레그리노, 즉 순례자란다. 일주일 전쯤이다. 새벽길을 걷고 있는데 마을에서 떨어진 공원묘지 처마 밑에서 노숙하는 순례자가 자리를 털고 일어나고 있었다. 그때 노숙하는 순례자 곁에 누워 있던 개가 바로 이 개였다. 그 뒤부터 페레그리노라는 개를 유심히 봤는데 주인이 알베르게에 묵을 때면 밖에서 혼자 있곤 했었다. 충견이자 명견이다.

마음을 비우고 순례에 전념해야 할 내 가슴에 생각하지 말아야 할 것들이 떠오른다. 예상치 못한 좌천과 승진 좌절, 믿었던 사람의 배신, 이러한 것에 관련된 사람들에 대한 증오심에 묻혀 살았던 지난날들. 미련도 분노도 증오도 쓰리도록 아픈 기억도 그리고 한 가닥 남은 미련도 다 잊어버리고 싶었다. 걷고 또 걸으며 한없이 걷다 보면 다 잊을 거라고 생각했다. 하지만 마음 속 깊이 감춰놨던 판도라의 상자가 조금씩 열렸다. 다른 것은 모두 용서하고 내 탓으로 돌렸지만 더 일하고 싶다는 미련만은 결코 떨쳐버릴 수 없는 유혹이었다. 하지만 그 조차도 버려야 한다. 지금은 마음에 맺힌 응어리가 점차 풀려가고 있다. 순례가 끝날 때쯤이면 이러한 모든 것을 초월하여 편안한 마음이 되리라 자신한다.

푸른 하늘에 하얀 뭉게구름이 멋있다 못해 환상적이다. 그 아래 펼쳐진 평원을 걷는 기분은 형언하기 어렵다. 멀리 떨어진 먹구름이 비를 지상으로 뿌리는 모습이 뿌옇게 보였다. 우리가 알베르게에 도착하기 전에

메세타 평원의 순례길

우리가 묵었던
사설 알베르게

는 비가 내리면 안 될 텐데. 오후 2시가 넘어서자 평원이 푹 꺼지는 듯 갑자기 땅에서 마을이 솟아오른다. 움푹 들어간 골짜기에 마을이 있어 가까이 다가가서야 비로소 보이기 때문이었다. 칼사디야Calzadilla de La Cueza 마을에 들어서자 공원묘지에 있는 조그만 성당의 종탑이 제일 먼저 눈에 들어왔다. 조그마한 성당은 거의 사용되지 않고 장례의식을 행할 때만 사용된단다. 갑자기 바람이 갑자기 세차게 불어온다. 가장 가까운 알베르게10유로로 들어갔다.

날씨가 너무 추운 탓에 알베르게 내부도 추웠다. 우리는 따뜻한 인근 바르에서 2시간여를 하릴없이 보내며 저녁 식사 시간까지 기다렸다. 우리 부부와 경화 씨, 그리고 호주인이 함께 앉아 순례자 메뉴로 저녁을 같이 하게 되었다. 아침 커피에 대한 답례로 우리는 경화 씨에게 저녁 식사를 대접했다. 순례자 메뉴에는 와인이 항상 따라 나온다. 와인을 한잔씩 곁들이면서 대화를 하다 갑자기 독일과 일본에 대한 얘기를 하게 되었다. 국제 문제에 해박한 호주에서 온 50대의 순례자는 독일에 호의적인 반면, 일본에는 그렇게 호의적이지 않았다. 2차 세계대전 시 일본과 호주가 전투를 해서 인가보다.

호주인, 경화 씨 등과 함께 한
단란한 저녁 식사

"독일은 항상 2차 세계대전 피해국에 대해 사과하며 유대인에 대한 학살을 숨기지 않고 보상을 하는데, 일본은 피해당사국에 대해 모른 척하면서 무관심으로 일관하고 있어요." 그가 말했다.

"일본이 한국을 병합하기에 앞서 한국의 섬 독도를 먼저 차지했는데 이제 와서 독도를 다시 자기네 땅이라고 우기는 것은 아예 내놓고 침략을 다시 하는 것이죠"라고 내가 대답했다.

나는 슬그머니 독도에 대해 이야기를 하면서 일본을 비난했다. 그러자 그는 한국의 독도를 빼앗고 난 후에는 2차 세계대전 때 점령했던 태평양의 모든 섬도 다 자기네 것이라고 할 것 같다며 맞장구를 쳐 준다. 괜시리 기분이 좋아진다. 나는 어쩔수 없는 한국인인가 보다.

레디고스 마을

Calzada
del Coto
테라디요스 데 로스 템플라리오스
Terradillos de los Templarios
레디고스
Lédigos
사아군
Sahagún
산 니콜라스 데 레알 카미노
San Nicolás de Real Camino
모라티노스
Moratinos
칼사디야 데 라 쿠에사
Calzadilla de La Cueza
Cervatos de
la Cueza
4.29(월)
순례 18일차
칼사디야 데 라
쿠에사
6km
레디고스
3km
테라디요스 데
로스 템플라리오스
3.5km
모라티노스
2.5km
산 니콜라스 데
레알 카미노
사아군
∴22.5km
7.5km
시에스타에
철저한
오스피탈레라

시에스타에 철저한
오스피탈레라

폭풍우에서 우雨만 빼고 폭풍이 몰아친다. 하늘은 회색 구름으로 가득하고 널따란 평원은 바람에 흔들린다. 일기예보에 이곳의 기온이 0℃~8℃라는데 체감온도는 차가운 바람 탓에 영하 5도는 되는 듯하다. 옷이란 옷은 다 껴입었는데도 춥다. 하기야 옷이랄 것도 없지만. 몸살 기운이 있는 아내에게 버스를 타고 다음 여정지에 미리 가 있으라고 했지만 한사코 그냥 걷겠다고 한다. 어렵게 시작한 순례를 버스타고 간다면 의미가 없다는 것이다. 거센 북풍이 자꾸만 왼쪽으로 우리를 밀어낸다. 손이 시려 스틱을 사용하는 것도 포기했다. 에스파냐의 날씨는 변화무쌍하다. 먹구름이 끼어 있는가 싶으면 하얀 뭉개구름이 두둥실 떠 있고, 뿌연 안개가 끼어있다가도 어느새 눈이 시리도록 푸른 하늘로 바뀐다.

레디고스Lédigos까지 불과 6킬로미터를 걸었는데도 16킬로미터를 걸은 것처럼 느껴졌다. 너무 추워서 무조건 바르로 들어가 아침 식사를 하면서 몸을 녹였다. 두 번째 마을인 테라디요스Terradillos de los Templarios에서도 추위를 녹이고 싶었지만 아내는 빨리 목적지에 가서 쉬는 것이 낫다며 걷는 속도를 높인다. 평원에

부는 바람은 살을 에는 듯 차가웠다. 햇볕을 가리기 위한 버프Buff는 추위를 막는데 사용했다. 가면처럼 얼굴을 꽁꽁 싸매고 나니 어느 정도 추위가 가신다.

모라티노스 마을의
와인 저장고 입구

모라티노스Moratinos 마을 입구에 들어서기도 전 푸른 언덕 아래 촘촘히 뚫린 땅굴들이 내 눈을 사로잡았다. 처음 보는 광경이라 그저 아름답다는 생각 밖에 들지 않는다. 바르에서 경화 씨가 우리를 부른다. 그녀도 그곳에서 추위를 피하고 있었다. 아내가 커피를 마시는 틈을 이용하여 언덕을 둘러보았다. 오래된 와인 저장고라는데 지금은 별로 사용하지 않는 것 같다. 에스파냐 와인 저장고의 특징은 언덕에 땅굴을 판 것과 흡사했다. 아니면 저장고를 만들고 그 위에 흙을 덮었거나. 지극히 기독교적인 전통 와인 저장고를 순례길에서 볼 수 있

모라티노스 마을 입구의
와인 저장고

어 의미가 있었다. 어찌됐든 우리는 그곳 바르에서 무려 1시간이나 대화를 하며 추위를 쫓았다.

산 니콜라스San Nicolás de Real Camino 마을도 지나친지 오래되었지만 오늘의 목적지인 사아군은 좀처럼 나타나지 않았다. 두 명의 순례자는 비도 오지 않는데 판초 우의까지 꺼내 온몸을 감싸 추위를 피하고 있었다. 강풍에 이리저리 휘청거리던 아내는 거의 탈진 상태다. 어디 쉬어 가고 싶어도 추위를 피할 마땅한 장소가 없다. 아내는 힘이 들었는지 두세 번을 그 자리에 가만히 서 있다가 다시 걷곤 했다. 아내 걱정에 추위도 잊었다. 손에 잡힐 듯 나타난 사아군Sahagún은 무려 1시간을 더 걸어도 손에 잡히지 않는다. 무지개를 쫓아가는 사람인 양 앞으로 나아갔다.

철길을 건너 구시가지로 진입했다. 중세의 삼위일체 성당을 개조하여 순례자 숙소로 사용하는 사아군의 시립 알베르게. 경화 씨가 등록하고 있었다. 그리고 할머니 한 분, 그다음이 우리 부부였다. 경화 씨의 등

중세의 성당을 개조한
시립 알베르게

록을 마친 오스피탈레라가 갑자기 등록을 받지 않는다. 오후 1시 30분부터 시에스타가 시작되는데 벌써 1시 40분이나 되었단다. 등록은 저녁 6시에 받겠으니 2층에 올라가 아무 침대에서나 쉬고 있으라며 문을 나선다. 어이가 없었다. 단 두 번만 더 등록을 받으면 되는데 시에스타라고 그냥 가버리다니……. 현지인이 자원봉사를 하는 알베르게는 대체적으로 불친절하고 사무적이다. 타국 사람이 자원봉사를 한다면 이렇진 않을 텐데. 그래도 어떠하랴. 그냥 우리 마음대로 2층으로 올라가 침대를 정하고 저녁 6시에 등록하기로 했다. 아내는 기절하듯 침대에 쓰러진다. 이틀 동안이나 찬물로 샤워를 해서 뜨거운 물이 그리웠다. 샤워장 시설은 훌륭했다. 뜨겁다. 그것도 너무 뜨거운 물이 콸콸 쏟아진다. 몸을 타고 흘러내리는 뜨거운 물에 피곤함이 씻겨나갔다.

시에스타가 끝나는 오후 4시 30분에 맞춰 슈퍼마켓을 찾아갔다. 하지만 문을 열지 않았다. 에스파냐 사람들은 다 이 모양이다. 다른 시간은 잘 지키지 않아도 낮잠 자는 시에스타는 철저히 지키는 것 같다. 5시가 되어서야 이것저것 먹을거리를 사서 알베르게로 돌아왔다. 6시가 가까워오자 오스피탈레라가 돌아와 우리를 찾는다. 등록6유로을 하고 침대 시트를 받아 깔았다. 조금 쉬고 기운을 차린 아내가 경화 씨와 함께 주방에서 요리를 했다. 저녁 미사에 참례하기 위해 서둘러 상을 차렸다. 모처럼 한국식으로 밥과 국을 끓여 포식했다. 하지만 알베르게 앞의 성당은 그 밤이 다 지나도록 문을 열지 않았다.

CAMINOS
DE
SANTIAGO
N 601
RELIEGOS
MANSILLA
DE LAS
MULAS
EL BURGO
RANERO
CALZADA
ROMANA
CAMINO
FRANCES
BERCIANOS
DEL
REAL
CAMINO
CALZADILLA
DE LOS
HERMANILLOS
N 120
CALZADA
DEL
COTO
REFUGIOS

칼사다 델 고토

엘 부르고 라네로
El Burgo Ranero
칼사다 델 고토
Calzada del Coto
베르시아노스 델 레알 카미노
Bercianos del real Camino
Matallana de Valmadrigal
사아군
Sahagún
4.30(화)
순례 19일차
사아군 4.5km
칼사다 델 고토
6km
베르시아노스 델 레알 카미노
7km
엘 부르고 라네로
∴17.5km
빗물에
속옷까지 젖어

빗물에
속옷까지 젖어

　　어제 몸살기운이 있던 아내를 생각해서 7시가 넘도록 깨우지 않았다. 뒤늦게 일어난 아내는 몸이 한결 가벼워진 듯 절대 버스를 타지 않고 걸어서만 순례를 마치겠다는 의지를 불태운다. 사실 지금까지 아내 뒤를 따라가며 사진도 찍고 풍경도 감상하다 보니 순례자들 사이에 남편보다 아내가 더 잘 걷는다는 소문이 자자했다. 만나는 사람마다 "아내분이 더 잘 걷는다면서요?" 하고 인사를 한다. 그럴 때면 나는 "예! 그래요" 하고 대답했다. 그만큼 잘 걷는 아내가 대견스럽기도 하고 신통하기도 했다. 그런데 오늘은 비가 내린다. 혹시 아내가 비와 추위로 인해 감기몸살에 걸리지 않을까 걱정되었다. 아내는 우비를 입고 배낭의 레인

커버를 씌운다. 난 판초poncho 우의를 준비하지 못했다. 아쉬운 대로 방수가 되는 고어텍스 재킷을 입고 배낭에 레인커버를 씌운 다음 알베르게를 나섰다. 내리는 빗속에 순례자들의 행진은 계속된다. 이러다 메세타 평원의 더위를 아예 느껴보지도 못하고 다시 갈리시아의 산악지대로 들어설지 모르겠다. 세아 강 위의 칸토 다리를 건너 사아군을 빠져나간다.

칼사다 델 고토Calzada del Coto 직전에서 코스가 두 곳으로 나뉜다. 차도를 건너 반듯하게 직진하면 엘 부르고 라네로로 향하고, 차도를 따라 오른쪽으로 고가도로를 넘어가면 칼사다 데 로스 에르마니요스로 가게 된다. 한적한 시골풍경을 즐기려면 오른쪽으로 가야 하지만 그렇게 되면 오늘은 고작 14.5킬로미터만 걸어야 하고, 내일은 무려 24.5킬로미터 구간에 마을이 하나도 없는 코스를 가야 한다. 아니면 오늘 하루 동안 무려 39킬로미터를 한꺼번에 걸어야 한다. 너무 무리다. 그래서 우리는 곧장 직진하여 오늘은 17.5킬로미터를 걷고 그 다음 날 24킬로미터를 걷는 전통적인 카미노로 가기로 했다. 차도를 건너기 전 버스정류장의 차광막 아래에 앉아 비를 피하며 미리 준비한 빵과 바나나로 아침 식사를 했다. 한기가 엄습하는 가운데 오들오들 떨며 뭘 먹는 모습, 처량하기 그지없다. 하늘은 온통 잿빛으로 비가 그칠 기미가 전혀 보이지 않는다.

빗속 멀리 성당 건물을 선두로 베르시아노스Bercianos del real Camino마을이 어렴풋이 보이자 반가운 마음이 들었다. 카미노 왼쪽 황량한 벌판에 홀로 세워진 페랄레스 성모 성당 앞에 야외 쉼터가 조성돼 있었다. 하지만 오늘은 비를 피할 지붕이 있는 쉼터가 더 필요하다. 마을과 상당히

페랄레스 성모 성당

떨어져 있어 신도가 잘 찾지 않을 것 같았으나 '라 페랄라' 성모상이 있어서 마을 사람이 자주 찾아와 경배를 드린다고 한다. 성당을 지나쳤으나 마을은 의외로 멀었다. 비도 피하고 언 몸도 녹일 겸 바르에 들어가지 않을 수 없었다. 커피카페 콘 레체 한 잔일지라도 추위를 몰아내는 데는 최고다. 아내가 감기에 걸리지 않을까 걱정되었다. 빗줄기가 다시 굵어진다. 잠시라도 비가 그쳤으면 좋겠는데 오늘은 비가 그치리라는 기대를 아예 하지 않는 것이 좋겠다. 현대식 집들 사이사이에 흙벽돌로 지은 집들이 비에 젖어 한층 시골적인 풍경을 연출한다. 도시와 시골의 혼합형 마을이다.

판초 우의를 입지 않은 대가를 톡톡히 치렀다. 배낭의 레인커버에서 흘러내린 빗물이 바지의 허리춤으로 스며든 것이다. 차가운 물이 양 엉덩이 사이의 골을 따라 계곡 깊은 곳으로 자꾸만 흘러내렸다. 속옷이 흥건히 젖어 걷는 내내 불편한 느낌이 지속되었다. 게다가 바지가 얇은 여

흙집 알베르게

름 등산복이라 비에 축축이 젖은 나의 하체는 어제에 이어 오늘도 추위에 고스란히 노출되었다.

오늘 여정의 종착지 엘 부르고 라네로 El Burgo Ranero 마을에 들어서는 길목, 밀밭 한가운데 흙집이 장승처럼 우뚝 서서 우리를 맞이한다. 이곳에는 사설 알베르게 두 곳과 기부제로 운영되는 시립 알베르게 한 곳이 있었다. 우리는 어제도 빨래를 제대로 하지 못했고 오늘도 비를 흠뻑 맞았기 때문에 세탁기와 건조기가 있는 곳을 찾아야 했다. 나는 알베르게 입구에서 세탁기와 건조기가 있는지를 먼저 물었다. 아무 데도 없었다. 결국, 우리는 외벽이 진흙으로 단장된 시립 알베르게로 들어갈 수밖에 없었다. 그곳에는 경화 씨가 먼저 자리를 잡고 있었다. 경화 씨와 우리의 인연은 정말 특별하다. 순례하는 동안 가장 많이 만났던 사람이 경화 씨였다.

따뜻한 물로 샤워할 때의 기분은 천하를 다 주어도 바꾸고 싶지 않을 만큼 좋다. 추위가 눈 녹듯이 없어졌다. 하지만 아내가 샤워할 때는 따뜻한 물이 나오지 않았다. 몸도 좋지 않은데 정말 걱정이다. 침대에 누운 아내가 한기가 든다며 오들오들 떨고 있었다. 아내는 너무 춥다며 나한테 곁에 누우라고 한다. 좁은 침대에 함께 누워 아내를 꼭 껴안아 몸을 덥혀주었다. 한참을 그대로 있던 아내가 몸이 한결 좋아졌다고 말하는데 하얀 입김이 허공에 나부꼈다. 내 입김도 하얗다. 방안이 너무 추워 모든 사람의 입에서도 하얀 입김이 뿜어 나온다.

시에스타가 끝나는 4시 40분이 되어서야 근처의 슈퍼마켓으로 향했다. 그런데 4시 30분에 문을 연다던 슈퍼마켓의 문이 굳게 닫혀있다. 춥기도 하고 비도 맞아 다시 알베르게까지 갔다 오기가 싫었다. 노크를 했다. 하지만 인기척이 없다. 이번에는 주먹을 쥐고 노크를 하며 요란하게 문을 흔들었다. 조용하다. 슬그머니 부아가 치밀어 발로 쾅쾅 차기 시작했다. 한참을 발로 차자 2층에서 여주인이 문을 열고 나왔다. 미안한 마음이 들었지만, 여주인은 발로 찼는지 손으로 노크를 했는지 전혀 관심 없어 보였다. 스파게티 재료와 판초 우의를 샀다. 어제 빨아놓은 양말은 아직 마르지 않았고, 오늘 신은 양말은 물이 줄줄 흐르고 있었다. 새 양말도 하나 샀다. 이곳 마을은 성 베드로의 축일을 기념한다. 그래서 바로 옆의 '성 베드로' 성당의 미사 시간을 물었다. 그녀는 오늘은 미사가 없고 내일은 미사가 있단다. 주일과 수요일 밤에만 미사를 드리는 것 같았다. 신부님께서 순회하며 미사를 드리니 이런 사태가 발생하는 것 같다. 오늘도 미사 드리기는 틀렸다.

부엌에서 아내와 경화 씨가 스파게티를 맛있게 만들었다. 알베르게에서의 요리는 경화 씨가 전문이다. 부족한 재료로 한국식 음식을 만드는데 유난히 솜씨가 좋은 그녀였다. 지리산 자락에서 된장과 고추장 같은 무공해 반찬거리를 만들어 판매하며 소박하게 살고 싶다는 경화 씨의 꿈이 이뤄졌으면 좋겠다.

이날 너무도 추웠던지 오스피탈레로와 오스피탈레라가 장작 난로에 불을 지펴줬다. 우리는 난롯가에 앉아 오순도순 이야기꽃을 피우며 젖은 빨래와 신발을 말렸다. 우리 곁에 40대의 일본 여인이 앉아있었다. 미국인 회사에서 일한다는 그녀는 일본인치고는 영어를 제법 잘했다. 2년 전에 12일 휴가를 받아 10일을 걸었고, 올해에도 10일을 걸은 다음 일본으로 돌아간단다. 나머지는 그다음에 휴가에 맞춰 걸을 예정이라는데…….
직장인들은 한꺼번에 두 달여를 쉴 수 없기 때문에 그녀처럼 서너 번에 걸쳐서 순례길을 완주한다고 한다. 난로 주변에는 언어가 통하는 사람끼리 모여앉아 대화의 꽃을 피우고 있었다. 난로의 열기를 즐기느라 순례자 중 단 한 사람도 2층 침대에 올라갈 생각을 하지 않았다. 그날 밤은 그렇게 순례자들의 대화로 깊어갔다.

난로 주변에
모여앉은 순례자들

만시야의 산타마리아 성당 앞에 있는
야고보 순례자상

Arcahueja
푸엔테 데 비야렌테
Puente de Villarente
비야모로스 데 만시야스
Villamoros de Mansillas
만시야 데 라스 물라스
Mansilla de las Mulas
렐리에고스
Reliegos
Santas
Martas
엘 부르고 라네로
El Burgo Ranero
5.1(수)
순례 20일차
엘 부르고 라네로   13km
렐리에고스
6km   만시야 데   4.5km   비야모로스 데   푸엔테 데 비야렌테
라스 물라스   만시야스   ∴25km
1.5km
내 마음에
평화가

내 마음에 평화가

　　　　　매년 성 베드로 축일 이브, 총각들이 처녀의 집 창문 아래 나뭇가지를 걸어놓고 모닥불을 피워 축제를 즐긴다는 전통이 있는 마을에서 젊은 여성을 한 명도 보지 못하고 마을을 떠난다. 여기까지 걸어오면서 지나친 마을 중에서 팜플로나, 로그로뇨 그리고 부르고스를 제외하고는 작은 동네에 불과했다. 작은 동네에서는 젊은 사람을 찾아보기 어려웠다. 젊은이들이 일자리를 찾아 도시로 빠져나간 것은 아닐지? 처녀, 총각이 없으면 나뭇가지를 걸어놓을 일도 모닥불을 피우며 축제를 벌일 일도 없을 것 같아 염려스럽다. 동구 밖 무너져가는 흙집이 우리를 배웅한다. 이런 평야에서 흙을 제외하고는 다른 건축 재료를 구하기 어려웠을 것이다. 그래서 중세에는 흙집들이 많았는데 지금은 운송수단의 발달로 점차 흙집들이 사라지고 있어 아쉽다. 요즘은 웰빙well-being과 힐링healing 시대라 육체와 정신적 건강에 좋은 흙집이 다시 인기라는데……

무너져가는
흙집

산티아고
순 례 길

푸른 평원을 기차가 길게 꼬리를 물고 달려간다. 이틀 전 사아군에서 철길 위 고가도로를 지나갔지만, 기차를 직접 보기는 에스파냐에 온 뒤 처음이다. 너른 벌판을 달리는 기차와 밀밭, 소와 말들이 뛰노는 목초지와 포도밭을 바라보며 거의 13킬로미터를 걷고 또 걷는다. 아름답고 평화로운 광경이 한 폭의 풍경화처럼 지평선 아래 끝없이 펼쳐졌다. 그 사잇길을 산티아고만을 생각하며 걷다 문득 고개를 들어 주변을 살폈다. 말없이 걷고 있는 사람들이 눈에 띈다. 원래부터 그들은 나름의 이유로 순례길을 꾸준히 걷고 있었지만, 오늘만큼은 아름다운 풍경과 어우러져 새삼스레 한 폭의 그림으로 내게 다가왔다. 태고에는 길이 없었다. 하지만 사람들이 걷기에 길이 생긴다. 고로 내가 걷기에 길이 존재하지 않겠는가.

렐리에고스Reliegos 마을로 들어가는 도로 오른쪽에 언덕을 수직으로 깎아 놓은 듯 와인 저장고가 오가는 순례객들에게 깊은 인상을 심어주고 있었다. 톨킨의 〈반지의 제왕〉에 등장하는 호빗 족들의 집과 유사했다.

렐리에고스의
와인 저장고

마을 안은 아직도 흙집들이 현대식 건물과 어깨를 나란히 맞대고 있어 현대와 중세의 조화를 보는 듯 아름답기만 하다.

평원을 걷다 보면 육체적으로는 힘들지언정 마음은 평화롭다. 우리 부부는 도란도란 얘기를 나누었다. 대화가 끊기고 말이 없어지면 힘들다는 얘긴데 우리는 6킬로미터를 쉬지 않고 한 사제에 대해 이야기를 나눴다. 마음의 평화를 찾는 데 결정적 도움이 된 가톨릭과 이기수 신부님, 종교와 사제에 대한 이야기였다.

마음의 평화를 갖지 못할 때 또 다른 화를 자초하기도 한다. 지난해 오랫동안 헌신했던 직장에 대한 집착, 그만 내려놓아야 하는데도 그렇지 못하는 미련, 그로 인해 마음의 평화가 깨졌다. 지독한 우울증이 찾아온 것이다. 하지만 신의 은총으로 3개월여 만에 거의 기적적으로 나았다. 그 당시 나 자신도 믿을 수 없는 일이 일어났다. 태풍 볼라벤과 덴빈이 연이어 찾아왔던 여름이었다. 우울증이 마음을 짓눌렀고 날씨가 흐릴 때 더욱 심각했다. 비바람이 몰아치자 도저히 견딜 수가 없을 것 같은 공황장애와 우울증이 엄습해 왔다. 그때, 신을 찾았다. 너무도 힘들어하는 나의 모습을 익히 봐왔던 신부님은 서둘러 사제관으로 오라고 했다. 강풍과 폭우가 내리치던 저녁 무렵 사제관에 들어선 나에게 신부님께서는 '병자성사'를 해 주셨다. 원래 세례를 받지 않은 사람에게는 병자성사를 하지 않는다. 그런데도 신부님은 이미 세례를 위한 교리공부를 끝냈고 개신교에서 세례를 받는 등 기독교에 정통한 사람이므로 가톨릭 세례를 받은 것으로 인정하겠다는 것이다. 병자성사가 끝나자 신부님께서는 사제관에서 저녁 식사를 같이 하자고 제안했다. 그때는 밥알이 모래알 같았고 음식 맛도 느낄 수 없었던 시기였다. 내키지 않았지만, 신부님 말씀이라 식사를 할 수밖에 없었다. 그런데 병자성사를 받은 지 불과 10여 분 만에 기적이 일어났다. 음식 맛이 느껴지는 것이었다. 거의 잠을 자지 못했던 여느 때와 달리 그날은 잠도 잘 잤다. 그로부터 일주일 뒤 세례를 받는데, 신부님께서 "열심히 기도하면 하느님께서 한 가지 소원은 들어주십니다"라고 강론하는 것이다. 이날의 세례는 마치 우리 부부를 위한 축제처럼 느껴졌다. 어찌 됐든 병자성사와 세례 이후 우울증은 씻은 듯이 나았다. 나조차도 믿을 수 없는 기적 앞에 이기수 신부님께 감사를 드렸다. 하지만 신부님께서는 내가 하느님의 은총을 받아들일 준비가 돼 있었기 때문에 나은 것이지 결코 자신의 힘으로 나은 것이 아니라고 말하는 겸손함을 보여줬다.

이 사건은 나에게 신앙에 대해 새롭게 생각하는 계기가 되었다. 지금은 직장을 그만두게 되면 무슨 일을 해야 할까 하는 걱정을 하지 않는다. 한 가닥 미련마저도 그냥 떨쳐버리기 위해 노력한다. 그리고 하루하루를 충실히 보낸다. 과거의 찌든 생활에서 벗어나 새로운 일상을 맞이하도록 신께서 나에게 기회를 만들어 줬다고 생각했다. 아내와 함께 걸으며, 얘기하며, 그리고 묵상하며 나를 찾아간다. '산티아고 가는 길'을 끝마치고 직장을 그만두면 새로운 세상이 다가올 것이다. 신께서 나에게 열어주신 미래가 어떤 세상일까? 예전에 느꼈던 고독감과 우울함을 극복한 나

는 그저 마음의 평화를 음미하며 걷는다. 신과 함께…… 걷는 내내 행복하다.

　평화로운 마음으로 걷다 보니 어느새 고가도로 위에 서 있었다. 눈앞에 보이는 만시야Mansilla de las Mulas의 풍경은 중세 가톨릭의 정서가 물씬

풍기는 광경이었다. 각기 다른 두 성당의 뾰족한 종탑이 우리를 반기고 있었다. 도시 안 현대적인 건물을 지나자 다 무너진 돌 장벽 사이로 순례 길이 이어진다. '성 야고보의 문'이라고 이름 붙여진 장벽의 동남쪽 문이었다. 나중에 서쪽으로 도시를 빠져나갈 때 에슬라 강변을 따라 웅장한 장벽이 펼쳐져 있는 모습을 볼 수 있었다. 이곳이 그 장벽의 동쪽 문인 셈이다.

만시야는 중세 아스투리아스 왕국에서 출발하여 분열과 통합을 거듭한 카스티야와 레온 왕국 사이에 있었다. 그러니 시대의 변천에 따라 두 왕국 사이에서 이쪽저쪽으로 포함되기를 거듭하며 높은 장벽을 쌓아 방어적 기능을 수행할 수밖에 없었던 도시였다. 성 야고보의 문을 지나 산타 마리아 성당의 출입문을 살짝 밀어보니 가볍게 열린다. 우리 부부는 조급함의 중압감을 집어던지고 성당에 들어가 성수를 찍어 십자성호를 그었다. 그리고 우리 가족 모두의 평화를 염원했다.

성당 앞 조그마한 광장에 주저앉아 초라한 점심을 먹었다. 고개를 들어 옆을 보니 길가에 현금자동입출금기ATM가 보였다. 실제로 순례길 주변에는 ATM기가 흔하게 설치돼 있다. 문자도 영어가 지원되어 쉽게 돈을 찾을 수 있었다. 우리는 당초 계획하지 않았던 경비를 지출해야 했다. 세탁비는 물론 추위로 인해 하루에도 서너 번씩 바르에 들어가 휴식을 취한 돈이 생각보다 많았기 때문이다. ATM기에서 300유로를 찾았다. 최초 600유로를 인출하려 했으나 신용카드 현금인출이 회당 300유로로 제한되었다.

걸어가면 걸어갈수록, 시간이 흐르면 흐를수록 부부가 같이 걷는다는 사실이 뿌듯하고 좋았다. 아내에게도 마치 결혼할 때의 감정처럼 기분이 살아난다는 얘기를 했다. 그런데도 아내는 한마디로 웃긴다는 표정을 짓는다. 속으로는 뿌듯해하면서도…….

로마인들이 거주했다는 비야모로스Villamoros de Mansillas는 차도를 중심으로 펼쳐진 마을로 단지 빵집Panaderia만 있을 뿐 순례자를 위한 편의시설이 전혀 없는 삭막한 마을이었다. 쉬고 싶었고 생리현상도 해결하고 싶었지만, 쉴 곳이 없다. 어쩔 수 없이 그냥 걸을 수밖에 없었다.

포르마 강 위의 다리

우리는 낮게 가설된 목조다리를 건너가며 독특하게 휘어진 긴 다리를 감상했다. 포르마 강 위에 무려 20개의 아치로 이뤄진 다리가 아름다워 보였다. 다리를 건너가자 도로를 따라 양옆으로 길게 늘어선 마을이 나왔다. 마을 이름도 '비야렌테의 다리'라는 뜻을 가진 푸엔테 데 비야렌테Puente de Villarente였다. 푸엔테 마을의 사설 알베르게8유로, 세탁 4유로로 들어갔다. 이곳에서는

알베르게 외부와 내부

성당을 찾을 수가 없었다. 그래서 성당에 입고 갈 옷이 필요가 없어 반바지와 반팔 셔츠를 제외한 모든 옷을 세탁했다. 몸에는 단지 반바지와 반팔 티셔츠 2개만 달랑 걸쳤으니 얼마나 춥겠는가. 난로 곁에 앉아 세탁한 옷도 말리고 아내와 얘기도 하면서 시간을 보냈다. 근처 식당에도 갈 수 없다. 선택은 하나, 알베르게 내의 식당에서 순례자 메뉴로 저녁 식사를 해야 했다. 여러 사람이 둘러앉았다. 그중에 처음 보는 이탈리아인이 섞여 있었다. 영어를 곧잘 하는 그는 이름이 알레산드로Alessadro였다. 나는 발음이 비슷한 마케도니아의 알렉산드로스 대왕을 빗대어 그를 "알레산드로 더 그레이트Alessadro the great"라고 불렀다. 알레산드로 대왕이라고 부르자 그가 정말 좋아한다. 그 뒤부터 우리는 그를 만날 때마다 '알레산드로 더 그레이트' 또는 줄여서 '더 그레이트'라고 불렀다.

레온 시가지로 진입하면서 만나는
현대적이면서도 고전적인 다리

Navatejera
Eras
레온
León
Trobajo del Cerecedo
아르카우에하
Arcahueja
푸엔테 데 비야렌테
Puente de Villarente
5.2(목)
순례 21일차
푸엔테 데 비야렌테   4km
아르카우에하   레온
9km   ∴13km
교민의 호의에
감사드리다

교민의 호의에
감사드리다

다리 서쪽 끝 도로를 따라 형성된 마을은 차로 변에 위치한 까닭에 아침부터 차량 소음으로 시끄럽다. 마을을 지나 한적한 시골 길로 접어들었기는 하지만 왼쪽으로 펼쳐진 차도에서 들려오는 자동차 소음은 피할 길 없다. 어제까지 걸어온 순례길은 차도와 나란히 뻗어 있어도 차량이 거의 다니지 않아 한적했었다. 하지만 1세기 로마인들이 금광을 개발하기 위해 건설한 도시 레온León은 중세 레온 왕국의 수도였고, 지금은 이베리아 반도 북서부의 경제 중심지이다 보니 자동차들이 많이 다닐 수밖에 없을 것이다.

레온까지 이어지는 공장과 창고들, 그 뒤편 순례길을 나만의 속도와 리듬으로 걸어간다. 익숙하고 편한 것들을 다 내려놓고 현재의 주어진 상황을 받아들이며, 매일매일 새로운 모험을 찾아 떠나는 것처럼 아직 걸어보지 않은 길을 탐닉한다.

아르카우에하Arcahueja 마을로 들어서는 언덕 아래에 단정하게 정비된 순례자 쉼터가 나타났다. 아침 최저기온 영하 1도의 추위 속에 노상에서 쉰다는 것은 고통 그 자체였다. 그래도 샘에서 물병에 물을 채워야 했다. 우리 뒤를 열심히 따라오던 순례자가 분수대의 물을 받아 벌컥 들이마시려는 찰나, 내가 "No potable노 포타블레" 하고 외쳤다. 못 마시는 물이라는 뜻이었다. 우리 부부는 분수대 뒤편의 샘에서 물을 받고 있었다. 그곳에

포르티요 언덕 육교에서 내려다 본 레온 시가지

는 마실 수 있는 물이라는 'Agua potable아구아 포타블레'라는 문구가 쓰여 있다. 그가 쓸쓸한 미소를 지으며 우리 곁으로 다가와 물을 받으며 "땡큐"라고 한마디 한다. 어지간히 목이 탔었나 보다.

포르티요 언덕의 정상, 차도를 가로지르는 육교에 올라서자 저 멀리 희미하게 레온 시가지가 한눈에 들어왔다. 그런데도 여기서 5킬로미터 정도를 더 가야 레온 시가지로 들어갈 수 있다니 다리가 풀린다. 레온에 들어서자 13킬로미터를 걸어온 피로감으로 배도 고프고 다리도 아파왔다. 현대에 건설되었지만, 그 모습과 형태는 중세를 그대로 표현한 토리오 강의 다리를 건너자 본격적으로 레온 시가지가 펼쳐진다. 바르에 들어가 철퍼덕 의자에 앉았다. 때늦은 아침 식사를 커피로 대신하며 한 시간이 넘도록 그냥 앉아 있었다.

구시가지로 들어가자 우리는 대학인 크레덴시알에 세요를 받기 위해 중앙언어대학 Centro de idiomas Universidad 을 찾아다녔다. 한 노인에게 약도를 보여주고 대학 가는 길을 묻자 선뜻 직접 안내해 주겠다고 한다. 그냥 대학 위치만 알려주면 좋으련만……. 나는 레온의 한 백화점에 다다르자 아내에게 배낭을 풀고 그곳에서 기다리도록 했다. 무거운 배낭을 메고 같이 걸어 다닐 필요가 없으리라는 생각에서였다. 나도 배낭을 아내 곁에 내려놓고 가벼운 발걸음으로 대학으로 향했다. 그런데 친절한 노인이 안내해 준 곳은 언어학교였다. 대학이 아니다. 그래도 고맙다고 인사를 하고 아내가 기다리는 백화점으로 되돌아올 수밖에 없었다. 순례자들에 대한 에스파냐 노인의 친절함은 형언할 수 없을 정도로 각별했다.

아내는 십 분 전쯤 한국교민 한 분을 만났다며 조금 있으면 그분이 와서 길을 안내해 줄 것이라고 말한다. 5분쯤 지나자 레온에서 태권도장을 운영하는 교민이 다가와 길을 직접 안내해 줬다. 대학 입구에 다다르자 수녀 한 분이 창문으로 우리를 내려다보고 있었다. 한국사람 같아 보였다. "한국분이세요?" 하고 물으니 그렇단다. 수원교구 내의 수녀원 소속이라고 한다. 하지만 이내 수업이 시작되어 길게 얘기를 나누지 못했다. 우리는 수녀원에서 운영하는 알베르게로 찾아갔다. 다른 시립 알베르게는 정부 지원을 받지 못해 폐쇄되었다고 한다. 그런데 그곳에서는 남녀가 따로 분리되어 자야만 했다. 수녀원에서 운영하기 때문에 남녀유별이 철저한가 보다. 하지만 아내와 나는 함께 있기를 원했다. 결국, 우리는 교민의 소개로 근처 오스탈에 40유로의 방값을 내고 그곳에서 묵기로

했다.

우리는 이곳에 중국식당이 있다는 얘기를 익히 들어왔다. 순례자들끼리 종종 정보를 교환하는데 한국인들 사이에는 중국식당이 어디에 있느냐는 것이 단연 톱 뉴스였다. 한국 식당은 아예 없으니 차선책으로 중국 음식을 찾는다. 우리는 교민분에게 중국식당 가는 길만 물어보았는데 그곳까지 안내해 주겠다고 한다. 수녀원 알베르게에서 처음 본 진아·진수 남매도 우리와 함께 중국식당에 가기로 했다. 우리 일행 5명은 16세기 가난한 순례자들을 위해 건축되었으나 현재는 고급 호텔로 개조된 '산 마르코스' 건물 앞에 섰다. 메세타 평원을 힘들게 걸어온 순례자가 신발을 벗어놓고 십자가에 기대어 아름답고 화려한 산 마르코스 건물을 올려다보고 있는 청동 조각상이 우리의 피곤함을 대신 표현해 주는 것 같았다. 나도 아내도 저 조각상처럼 신발을 벗어놓고 주저앉아 쉬고 싶었다. 건물을 돌아 뒤쪽으로 가려는데 멀리 경화 씨가 보인다. 아내가 큰소리

태권도장 앞 교민과 아내,
그리고 진수·진아 남매

로 경화 씨를 불렀다. 교민을 포함하여 우리 일행은 뷔페식 중국식당에 둘러앉아 모처럼 배부른 오찬을 즐기고 있었다. 그런데 뒤에서 누가 인사를 한다. 종현이와 연주였다. 그들도 레온에 중국식당이 있다는 사실을 알고 관광안내소를 찾아가 길을 물어 이곳에 왔다고 한다. 순례가 끝날 때까지 이처럼 풍성하고 여유롭고 맛있는 식사는 결코 다시 하지 못했다.

지금 이 순간에도 레온에서 우리나라의 국기 태권도를 전파하는 그분의 친절함을 잊지 못한다. 유독 우리에게만 친절을 베푼 것은 아니라고 한다. 언제든 한국인 순례자를 만나면 성의껏 길 안내를 자청했다고 하니 나뿐만 아니라 그동안 그분의 친절을 경험한 모든 이들도 감사해하고 있을 것이다.

돌아오는 길에 레온 대성당에 들렀다. 성당 문설주에 아기 예수를 안고 있는 성모상이 조각돼 있었다. 아내는 다리가 아프다며 반대편 그늘에 앉아 있다. 그때 이름 모를 40대 한국인 여성 순례자가 내가 가톨릭 신자라는 사실을 모르고 한마디 한다.

좌. 레온 대성당
우. 아기예수와 성모

　"에스파냐의 성당에는 온통 성모 마리아의 조각밖에 없는데 천주교에서는 왜 성모 마리아와 성인들을 믿는지 모르겠어?"

　그녀는 성모 마리아와 성인들이 신神으로 추앙받는다고 생각하는 듯했다. 나는 피곤하여 그 이유를 설명하고 싶지 않았지만, 그녀는 내심 내가 말해주기를 원하는 것 같았다. 어쩔 수 없이 그녀 곁에 서서 설명해 줄 수밖에 없었다.

　"개신교에서는 신도들이 목사님에게 기도 좀 해 달라고 부탁하죠? 목사님이 아무래도 우리 평신도보다는 나으니까 기도해 달라고 하는 거죠. 성모 마리아는 신께서 선택한 예수의 어머니입니다. 그러면 인간 중에서는 가장 고결한 분이실 겁니다. 성모 마리아는 신이 절대 아닙니다. 그녀는 인간의 아들 예수의 어머니이기 때문에 우리의 기도를 예수님께 제일 잘 전달해 줄 수 있는 위치에 있다는 겁니다. 자애로운 어머니로서 우리를 보살펴 줄 수 있다는 의미죠. 그래서 우리는 성모님께 기도하는 것입니다. 다시 말하면 국민들 개개인이 대통령에게 건의사항을 말한다고 해서 다 들어줄 수 있는 건 아니죠. 어떻게 그 많은 사람의 얘기를 다 들을 수 있겠어요. 그러나 총리나 장관 같은 직통라인을 통해 얘기할 때 그 내용과 의미가 잘 전달될 수 있는 것과 이치가 같아요. 가톨릭의 성인들을 기리는 것도 같은 맥락이지요."

더 이상은 설명이 필요하지 않을 것 같았다. 개신교 신자일지라도 아니면 별 의미 없이 스포츠로 카미노를 걷는 사람일지라도 카미노의 종착지는 야고보 성인의 무덤이 아닌가. 그곳에 도착하면 뭔가 느끼는 것이 있을 것이다.

오스탈에서의 밤은 샤워장과 침대를 마음껏 독점할 수 있어 좋았다. 지난 나흘 동안 몸살기로 고생한 아내는 추위가 싫다며 오스탈의 온기를 마음껏 음미하고 있었다. 오늘 13킬로미터만 걷고 몸의 원기도 보충했으니 내일은 아내의 몸살기가 없어 졌으면 좋겠다.

트로바호 델 카미노
Trobajo del Camino
비르헨 델 카미노
Virgen del Camino
레온
León
발베르데 데 라 비르헨
Valverde de la Virgen
Armunia
Arcahueja
Santa Olaja
de la Ribera
비야당고스 델 파라모
Villadangos del Páramo
산 미겔 델 카미노
San Miguel del Camino
산 마르틴 델 카미노
San Martin del Camino
5.3 (금)
순례 22일차
레온
3km
트로바호 델
카미노
4km
비르헨 델
카미노
3km
발베르데 데 라
비르헨
2km
산 미겔 델
카미노
4km
비야당고스 델
파라모
7km
산 마르틴 델 카미노
∴23km
와인을
묵상하다

와인을 묵상하다

　　찬란한 르네상스 양식의 건축물이 길게 늘어선 산 마르코스 건물 서쪽으로 베르네스가 강이 흐르고 있다. 베르네스가 강의 다리를 건너 레온을 빠져나갔다. 하지만 트로바호Trobajo del Camino마을이 레온과 구별이 되지 않을 정도로 이어졌다. 과거 로마인의 병영이 있어 레온을 보호했던 곳답게 지금도 레온의 베드타운의 역할을 다하고 있다. 딱딱한 보도블록을 따라 비르헨Virgen del Camino까지 단숨에 달려갔다. 분주한 도시의 삶 이외에 느낄 것이 없는 무미건조한 곳이었다. 예전의 카미노는 자신만의 속도로 천천히 세월을 낚았었는데 지금 이곳은 속도계 없는 질주를 계속하는 듯 빠르게 돌아간다. 그렇듯 16세기 초 성모가 발현했다는 카미노 성모 성당조차도 1961년 현대적인 아름다움으로 재건축되어 예전의 모습을 찾아볼 수 없었다.

비르헨의
카미노 성모성당

1505년 7월 2일, 가축을 돌보던 한 목동이 발현한 성모 마리아의 모습을 목격했다. 성모는 "이곳에 성전을 건축하도록 주교에게 전하라"라고 말했다. 목동이 말하기를 "주교가 어찌 내 말을 듣고 성모님의 발현을 믿겠습니까?" 그러자 성모는 작은 돌을 집어 목동의 새총으로 멀리 날려 보낸 뒤 "주교와 함께 이곳에 오면 저 작은 돌이 거대한 바위가 되어 있을 것이다. 이것이 증거다. 돌이 떨어진 자리가 나와 내 아들이 나의 조각상을 보관하도록 결정한 곳이다"라고 대답했다. 목동이 주교를 데리고 목초지에 왔을 때 성모의 예언대로 모든 일이 이루어 졌다고 한다. 그래서 주교는 그곳에 성당을 짓고 성모상을 모셨다. 그 뒤 1522년 카스티야 출신의 노예가 무어인 주인 밑에서 일하고 있었다. 그런데 이 무어인은 의심이 많아 노예를 쇠사슬로 묶어 나무 우리에 가둔 다음 그 위에서 잠을 자곤 했다. 노예는 산타 마리아Santa Maria에게 자신을 해방해 줄 것을 간절히 염원하고 또 염원했다. 어느 날 노예와 주인이 잠을 깨어 보니 나무 우리가 바로 이곳 성당 앞에 있었다. 단 하룻밤 사이에 먼 거리를 이동하여 이곳 성당 앞에 있는 것을 보고 감탄한 노예와 무어인은 평생 이곳에서 성모 마리아를 섬기며 살았다.

지금도 당시 이슬람교도였던 주인이 노예를 묶었던 사슬과 나무 우리가 성당에 남아있다고 한다. 성모의 발현과 기적이 일어난 카미노 성모 성당은 순례자들에게 개방되고 있었다. 우리 부부는 제대 앞에 무릎 꿇었다.

"성모님! 이기수 요아킴 신부님의 뜻이 이뤄지도록 해 주소서. 또한, 저희 본당의 윤석주 레오 신부님의 건강을 허락하소서. 그리고 어렵고 어려운 금욕 생활을 견디며 사제의 길을 걷는 모든 이들과 함께하소서."

평소 결혼도 하지 않고 오로지 사제의 길을 걷고 있는 분들에 대해 신비롭고 경건하다는 생각이 있었다. 개신교의 목회자들과 달리 "하늘나라 때문에 스스로 고자가 된 이들도 있다. 받아들일 수 있는 사람은 받아들여라"_{마태 19, 12}라는 예수의 말씀을 충실히 따르는 사제들에게 항상 마음의 평화가 깃들기를 바라고 또 바랬다. 아내는 이미 기도를 마치고 기부함에 동전을 넣어 촛불에 불을 붙였다. 제대 앞에는 어느새 젊은 수도사와 그의 일행 3명이 서 있다. 그들은 가톨릭 기도서를 다 함께 낭송하고 있었다.

마을 외곽 빌라촌 아래로 버려진 와인 저장고가 보였다. 와인의 향기를 마음으로 음미하며 힘찬 발걸음을 내디뎠다. 모처럼 쾌적한 시골 길로 접어들었나 싶었는데 고속도로 아래 지하터널을 통과하자 다시 차도

발베르데의 산타 엔 그라시아 교구성당. 성당 종탑에 황새가 둥지를 틀었다.

산티아고
순 례 길

순례길 양쪽의 와인 저장고

를 따라 간다. 총알처럼 달리는 차량의 소음이 묵상조차 방해한다. 유럽에서 황새는 인간에게 아기를 가져다주는 길조다. 우리나라의 삼신할머니와 비슷하다고나 할까. 순례길 주변에 있는 성당 종탑에는 여지없이 황새가 둥지를 틀고 있었다. 발베르데Valverde de la Virgen나 산 미겔San Miguel del Camino마을도 성당 종탑의 황새 둥지를 제외하고는 특별한 볼거리가 없을 정도다.

자동차 도로 옆 포장되지 않은 신작로를 따라 버려진 와인 저장고가 즐비하게 늘어서 있었다. 팍팍하고 삭막한 순례길을 와인향기 그윽한 향수에 잠겨 걷게 하는 나름 매력 있는 곳이다. 최후의 만찬에서 예수께서는 제자들에게 빵을 떼어 주시며 "받아라. 이는 내 몸이다"마르 14, 22라고 말씀하셨고, 다시 와인 잔을 제자들에게 주시며 "이는 많은 사람을 위하여 흘리는 내 계약의 피다"마르 14, 24라고 말씀하셨다. 즉 빵과 와인으로 성찬례를 제정한 것이다. 그 이후 와인은 기독교에서 없어서는 안 되는 귀중한 음료가 되었다. 가톨릭교도인 나는 길옆에 무수히 방치된 와인 저장고를 볼 때마다 지극히 기독교적인 음료였던 와인의 향수에 젖어 예

수 그리스도를 묵상하곤 했다.

비야당고스_{Villadangos del Páramo} 마을을 지나서도 차도 옆 조그만 신작로를 따라 걷는 순례길이 지속된다. 차량소음은 묵상을 방해하고 슬그머니 짜증을 불러일으키기도 한다. 지금까지 걸은 길 중에서 최악의 소음이 우리를 괴롭혔다. 그나마 다행인 것은 순례길 옆으로 농수로의 물이 세차게 흐른다는 것이었다. 흐르는 물을 쳐다보며 걷노라면 마음까지 깨끗하게 정화되는 것 같았다. 그래서 세례의식이 물로 이뤄지나 보다.

오늘 여정의 최종 목적지인 산 마르틴_{San Martin del Camino} 마을 입구에 단정한 알베르게가 보였다. 너무 피곤하여 그곳에 들어가 쉬고 싶었다. 하지만 아내의 배낭에 들어있는 라면 4개 때문에 어쩔 수 없이 더 가야 했다. 레온에서 태권도장을 하는 교민 분이 우리 끓여 먹으라고 준 것이

다. 그때 경화 씨와 함께 라
면을 끓여 먹기로 약속했었
다. 단 몇 그램의 무게조차
도 예민하게 느껴지는 순례
자, 그날 아내는 라면 4개의
무게를 어깨에 온전히 느끼

산 마르틴의 알베르게

며 힘들게, 정말 힘들게 걸었다고 한다. 우리는 경화 씨가 있는 알베르게
를 찾아가야만 했다. 두 번째 알베르게도 지나쳐 가장 멀리 있는 시립 알
베르게8유로로 들어갔다. 알베르게 상태는 최악, 2층 침대에는 사람이 떨
어지지 않도록 지지해 주는 바도 없고 매트도 제멋대로 움직인다. 나중
에 들은 얘기로는 우리 뒤에서 오던 분이 꿈결에 몸을 뒤척이다 2층에서
떨어졌다고 한다. 그래도 고국의 향수를 느끼며 우리 셋은 라면을 맛있
게 먹었다. 비록 라면에 불과하지만, 이곳에서 끓여 먹는 라면 맛은 특별
하게 느껴졌다.

저녁 8시 30분 현대적으로 건축된 소박한 성당을 찾았다. 지금까지
봐왔던 모습과 달리 이곳은 신도가 제법 많았다. 신도가 많으니 미사도
즐겁다. 아마 마을 사람 전부가 참석한 듯 미사가 끝나자 우르르 몰려나
간다. 그중 순례자는 오로지 우리뿐. 어느 마을 사람이 에스파냐어로 국
적을 묻는다. 에스파냐 사람들은 한국이라고 대답하면 꼭 남쪽인지 북쪽
인지를 묻는다.

"꼬레아 델 수르Corea del Sur" 자랑스럽게 대답했다.

아스토르가

산티아고
순례 길

산 후스토 데 라 베가
San Justo de la Vega
오스피탈 데 오르비고
Hospital de órbigo
산 마르틴 델 카미노
San Martin del Camino
아스토르가
Astorga
산티바녜스 데 발데이글레시아스
Santibañez de Valdeiglesias
Villarejo de
Orbigo
5.4(토)
순례 23일차
산 마르틴 델
카미노
7km
오스피탈 데
오르비고
5km
산티바녜스 데 발
데이글레시아스
7km
산 후스토
데 라 베가
아스토르가
∴23km
4km

무질서 속의 질서

무질서 속의 질서

　　산 마르틴 알베르게에서 거의 잠을 자지 못했다. 2층에서 몸을 조금만 뒤척여도 바닥으로 떨어지기 십상이라……. 게다가 춥기까지 하니. 걷는 내내 따스한 햇살이 그리웠다. 차라리 더웠으면 좋으련만. 질주하는 차량 소음도 묵상 속에 묻어버리고 우리 부부가 함께했던 시간을 회상해 본다. 남녀 간의 사랑이 부부애로서 승화되는 것, 어찌 아니 아름답겠는가! 우리가 지금 막 도착한 오스피탈 데 오르비고 Hospital de Órbigo 마을에서의 사랑은 과연 좋은 결말을 맺고 결혼까지 도달했을까?

　　'수에로 데키뇨네스'라는 기사가 자신의 연인 '레오노

오르비고 강 위에
길게 펼쳐진
명예로운 걸음의 다리

르 데 토바르'에게 지키지 못할 사랑의 언약을 해버렸다. 그는 사랑의 표시로 매주 목요일 목에 칼을 차고 다니기로 했다. 그 약속을 어길 시에는 오르비고 강의 다리에서 한 달 동안 결투를 하기로 한 것이다. 하지만 그게 어디 쉬운 일인가. 결국, 그 기사는 목에 칼을 차지 않기 위해 후안 2세에게 자신의 결투를 허락해 달라고 요청했다. 그리고 유럽 각국의 기사들에게 자신을 도와줄 것을 애원하는 서신도 보냈다. 수많은 기사가 몰려들었다. 그들은 다리 위에서 두 편으로 나누어 결투를 벌였다. 1434년 7월 10일부터 시작된 결투는 8월 9일까지 이어졌고 부상자가 속출했다. 이 결투로 300여 개의 창이 부러졌고, 어떤 기사는 강에 떨어져 죽기도 했다. 결투 중에도 성 야고보의 축일인 7월 25일에는 야고보 성인을 기리며 쉬었다. 전대미문의 어마어마한 결투로 기사는 목 칼을 벗었지만, 그와 그녀의 애인이 결혼에 이르렀는지는……?

기사들의 집단 결투의 현장인 오르비고 강 위에 걸쳐진 '명예로운 걸음의 다리'를 건넌다. 강 위로 길게 펼쳐진 다리는 중세의 향기를 그대로 머금고 있었다. 다리 양쪽 끝에서 서로 창을 겨눈 기사들이 요란하게 달려오는 말발굽 소리가 뒷전에 울리는 듯. 하지만 또각 거리는 스틱 소리가 말발굽을 대신한다. 멋지게 다리 위를 장식한 돌멩이들이 우리 부부를 낭만에 젖게 만들었다. 어느 소설가가 독일의 하이델베르크에 있는 옛 다리가 너무 멋있어 이쪽저쪽으로 걷다가 밤을 홀딱 샜다는 말이 생각났다. 우리도 어젯밤 이곳에 여장을 풀었더라면 아마 다리를 오가며

로마가도처럼 보이는 순례로

밤을 지새웠으리라. 또다시 순례길에 오를 수 있다면 반드시 이곳에서 하룻밤을 묵으며 삶을 얘기하고 싶다. 강을 건너자 순례길이 로마가도처럼 고대 풍으로 변하고, 마을 분위기도 완전한 중세풍이다. 여기서 성당을 들어가지 않을 수 없었다. 성수로 마음을 정화한 다음 세상의 모든 사랑이 아름답게 이뤄지기를 기원했다. 더불어 모든 사제를 위한 기도도 잊지 않았다.

성당을 나와 서쪽으로 서쪽으로 걸어가는 순례를 계속하려는데, 분수대 앞에 처음 보는 한국인 부부가 있었다. 일주일 전부터 우리를 지나치는 순례자들이 어떤 50대 부부가 뒤따르고 있다는 말을 하곤 했었다. 드디어 오늘 그 50대 부부를 만난 것이다. 그들은 서울에서 온 독실한 가톨릭 신자였다. 우리 부부는 그들을 가톨릭 부부라고 불렀다. 그 뒤 우리는 순례가 끝나고 되돌아오는 여객기에서까지 가톨릭 부부와 앞서거니 뒤서거니 하면서 만나게 된다. 인연이란 참으로 묘한 것이다. 서로에게 힘이 되는 얘기를 하며 걷느라 시간 가는 줄도 모르고 있다가 산티바네스 Santibañez de Valdeiglesias 마을에 도착했다. 그런데 어쩐 일인지 이곳의 성당 종탑에는 황새가 살지 않는다. 이제는 황새가 있어도 또한 황새가 없어도 관심의 대상이 된다. 그만큼 순례길은 순수하다. 우리 부부와 가톨릭 부부는 바르에 앉아 커피로 피곤함을 달랬다. 그때 나이 지긋한 한국인 한 분이 다가왔다. 하지만 잠시만 지체할 뿐 그분도 조급함의 중압감을 벗어나지 못한 채 발걸음을 재촉했다. 우리도 따라 나섰다.

메세타 평원을 빠져나왔음을 이제야 실감한다. 오르막과 내리막이 나타나기 시작했기 때문이다. 언덕의 오르막 정상에 허수아비 인형과 십자가가 우리를 반긴다. 눈에 띄게 나무들도 많아지기 시작했다. 너른 밀밭 사이의 노점상이 우리 부부에게 음료수와 우유를 마시고 가란다. 냉

장이라도 되었으면 좋으련만 그냥 평상 위에 올려놓고 팔고 있다. 나는 한국말로 나긋나긋하게 소리쳤다. "미지근한 음료야 가라!" 노점상 총각이 알아들을 리 없다. 언덕의 정상에서 내리막이 시작될 즈음 '성 토리비오' 십자가 너머로 아스토르가 시내가 보였다.

로마의 지배를 받던 5세기경 아스토르가Astorga의 주교였던 성 토리비오는 누명을 쓰고 추방되었다. 그는 높은 언덕에 올라 아스토르가를 내려다보며 "아스토르가의 소유라면 먼지라도 가져가지 않겠다"며 신발의 먼지를 털었다고 한다. 시간이 흘러 그가 억울하게 누명을 쓰고 쫓겨난 사실을 알게 된 마을 사람들은 그가 먼지를 털었던 언덕에 성 토리비오

십자가를 세웠다.

성 토리비오 십자가 뒤편으로 가까이 보이는 산 후스토_{San Justo de la Vega} 마을보다 훨씬 더 멀리 떨어져 있는 아스토르가 시가지가 더 잘 보이는 까닭은 토리비오 주교가 이곳에서 신발의 먼지를 털어서일까? 내리막길에 접어들자 산 후스토 마을이 아스토르가로 들어가는 통문인 양 우리를 맞이한다. 산 후스토 마을을 곧장 가로질러 갔다. 철도를 건너면 한국인이 운영하는 알베르게가 있다기에 그곳을 찾아갔다. 지리적으로 아스토르가 성벽 밖에 있어 순례자들이 아스토르가 시가지를 관광하기에 힘들 것 같았다. 그래도 그곳에는 김치가 있지 않을까? 하지만 알베르게는 문을 닫은 지 오래였다. 위치가 위치이다 보니 찾는 순례자가 없었을 것이다. 가파른 언덕길을 따라 로마시대에 축조된 성벽 안으로 들어갔다. 아스토르가는 로마인들이 언덕에 도시를 건설하고 주변에 튼튼한 성벽을 쌓은 요새도시다. 동쪽에서 서쪽으로 이어지는 프랑스 길_{Camino de Frances}과 남쪽에서 북쪽으로 올라오는 은의 길_{Via de la Plata}이 합류되기도 하는 곳이다. 그래서 중세에는 순례자 숙소가 번성했던 도시였다.

이 도시는 최초의 가톨릭 이단자 프리실리아누스_{Priscillianus}가 처형된 곳이기도 하다. 4세기경 에스파냐에서 발생한 이단은 프리실리아누스파_派가 대표적이다. 프리실리아누스는 양태론_{樣態論, Modalism}적 입장에서 교회의 정통적 삼위일체론을 교묘히 부정하였다. 그는 악마가 모든 악의 근원으로 바로 그 악마에게서 육체가 생겨났다고 주장했다. 또한, 육체는 죄를 범해 벌을 받은 영혼과 결합하였기 때문에 육신의 부활은 없다고 여겼다. 그는 결혼을 악으로 배척하며 자유연애를 허용하였다. 이는 난교가 성행하는 성적 문란이 극에 달하는 결과를 초래할 수도 있었다. 결국, 로마의 서방 황제였던 막시무스Maximus, 335~388는 가톨릭의 이단자 프리실리아누스를 체포하여 화형에 처하도록 명령했다.

참고로 말하자면 지식이 풍부한 기독교 신자들조차도 삼위일체론과 양태론을 구별하지 못하는 경우가 허다하다. 이러한 점을 악용하여 요즘 양태론을 신봉하는 교회도 생겨나는 실정이다. 그렇기 때문에 양태론에 대해서 정확히 아는 것이 필요하다. 양태론자들은 하느님이 한 분이시기 때문에 예수 그리스도와 성령의 위격位格이 없다고 본다. 오로지 하느님의 완전한 신성神性만 있다고 믿는다. 한 분 하느님께서 모양만 성부, 성자, 성령의 다른 형식으로 나타났다는 것이다. 얼핏 보기에는 삼위일체론三位一體論을 인정하는 것처럼 보이나 실상은 일위一位만을 고집하여 예수 그리스도의 인격을 부정하는 등 삼위일체론과 다른 방향을 지향하고 있다.

서기 385년 프리실리아누스가 처형된 뒤 그를 추종하는 세력들이 가톨릭교회 몰래 그의 시신을 고향으로 옮겨 갈리시아 지방의 어느 장소에 묻었다고 한다. 그런데 그들이 지나간 길이 산티아고 가는 길과 거의 같았다고 하는데……. 그 후 산티아고 순례가 시작되면서 프리실리아누스를 추종하는 이단자들이 산티아고 순례를 가장하여 은밀하게 프리실리아누스의 묘를 순례한다는 말이 떠돌기 시작했다. 사실인지 아닌지는 정확히 알 수 없으나 이단자들의 행보가 워낙 은밀하다 보니 이런 말이 나돌았으리라.

공립 알베르게5유로, 세탁 및 건조 6유로에 짐을 풀었다. 한국인은 우리 부부와 가톨릭 부부, 이름 모를 아가씨 그리고 레온에서 점심을 같이했던 진아·진수 남매였다. 잠시 휴식을 취하는 도중 이름 모를 아가씨와 대화를 하였다. 그녀는 영적 체험을 했는데 아마 내가 믿지 못할 것이라며 말문을 열었다. 그녀는 순례를 시작하자마자 스마트 폰을 분실했다고 한다. 너무도 화가 나서 카미노를 괜히 왔나 하는 생각도 했고, 다시 스마트 폰을 샀는데, 이번에는 바닥에 떨어져 액정이 완전히 깨져 버렸다는 것이다. 정말 펄쩍펄쩍 뛸 정도로 화가 나서 걷는 것을 포기할까 생각도 했는데 갑자기 노란 화살표가 눈에 들어왔고, 그때 갑자기 눈물이 펑펑 쏟아져 엉엉 울어버렸단다. 한참을 울다가 걷는데 마음의 평화가 찾아들었고, 순례길을 잘 왔다는 생각이 들어 기쁜 마음으로 여기까지 왔다고 했다. 지금은 정말이지 마음이 평화롭단다. 자신에게 평화가 어떻게 깃들었는지 자신도 잘 모르겠다며 너무 행복하다고 말한다.

진아·진수 남매는 서로 보살펴 주며 머나먼 순례길을 참 잘도 걷는다. 같이 걷다 보면 티격태격 싸울 일도 많을 것이다. 하지만 힘든 일을 사이좋게 해결하며 카미노를 마쳤을 때 이들 남매의 가슴에는 무엇이 남게 될까? 남매의 가족애가 아름다워 보인다. 그들이 시내 관광에 나선다. 우리 부부도 그들 뒤를 따라 밖으로 나갔다. 도시가 중세에서 시간이 멈춰 버린 듯 골목길과 건물들이 고색창연하다. 골목길을 비집고 다니는 자동차만 없었다면 중세라고 해도 손색이 없을 정도였다. 산타 마리아 대성당과 그 곁에 위치한 천재 건축가 가우디가 설계했다는 주교궁을 찾았다. 로마네스크, 고딕 그리고 바로크 양식이 혼합된 대성당을 입장료 3유로를 내고 들어갔다. 잘 다듬어진 기둥들은 붉은 색조와 검은 색조를 띄고 있어 무질서한 것처럼 보였지만, 여유로운 마음으로 천천히 바라보니 세련된 아름다움으로 재탄생한 듯 내 눈에 새롭게 보이기 시작했다. 희고 붉고 검은 색의 조화가 이채로웠다. 무질서 속의 질서, 부조화 속의 조화, 즉 카오스Chaos 이론을 증명하는 건물이 아닌가!

왼쪽의 산타마리아 대성당과 오른쪽의 하얀색 주교궁 건물

이곳의 카페테리아와 바르는 7시 이전에 음식을 팔지 않는다. 우리는 7시가 되기를 기다려 시청 앞 광장의 한 바르에서 저녁 식사를 했다. 커다란 통닭 한 마리를 10유로에 사서 콜라와 맥주를 곁들였다. 닭이 얼마나 큰지 둘이서 힘들게 먹었다. 식사가 끝나자 저녁 8시다. 8시 미사는 알베르게 앞의 소성당에서 드렸다. 우리 뒤에 가톨릭 부부가 서 있었다. 약간 늦은 탓에 자리를 잡지 못한 것 같았다. 세 명의 사제가 거행하는 미사는 화려하면서 엄숙했다. 말은 통하지 않지만, 미사는 서로 통한다.

ALBERGUE 7€
ROOMS+WC 45€
BAR
CAMAS DE PEREGRINOS
CASA FLOR
15€
MENÚ PEREGRINOS
ALBERGUE MUNICIPAL -5 €
Single
albergue las águedas
BAR
BOCADILLOS
DESAYUNOS
BREAKFAST
BAR FÉLIX
La Veleta
Bed & Breakfast

무리아스 마을 입구

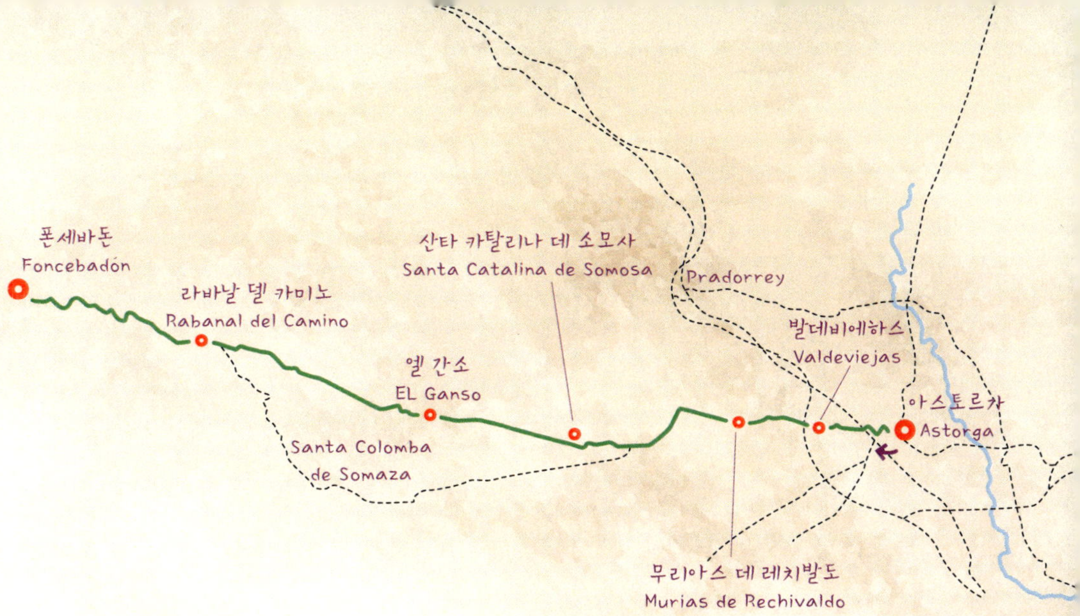

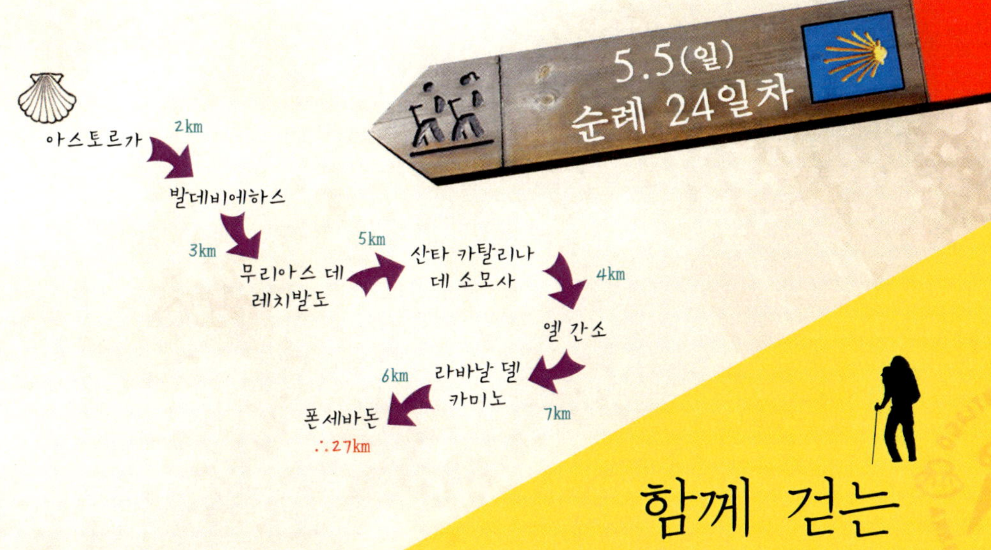

함께 걷는
사실 자체만으로도
위안이 되다

함께 걷는 사실 자체만으로도
위안이 되다

어둑어둑한 거리를 따라 성채도시 아스토르가를 떠났다. 발데비에하스Valdeviejas 마을, 도로 건너편 조그만 성당에 낯익은 글씨가 보인다. '신앙은 건강의 샘'이라는 글씨와 더불어 각국의 언어로 동일한 내용의 문자가 쓰여 있다. 한글을 감상하고 있는 사이 아내는 저만치 멀리 앞서 가고 있다. 다시 조급함의 중압감이 나를 부른다. 서둘러 걸어야겠다.

무리아스Murias de Rechivaldo의 바르, 많은 순례자가 그곳에서 아침 식사를 하고 있다. 다른 곳의 바르는 주인이 소극적으로 일하는 데 반해 이곳 바르는 50대 정도의 여성 두 분이 열심히 일한다. 직접 손님을 찾아다니며 주문도 받고, 커피와 음식도 빨리빨리 날라다 준다. 커피와 과일로 아침 식사를 하고 있는데 누군가 내 옆에 일부러 바짝 붙어 서서 햇볕을 가린다. 추워죽겠는데 누구야 하는 심정으로 고개를 들어보니 독일 청년

발데비에하스 성당 앞의 글씨들,
한글도 보인다.

줄리앙이 환하게 웃고 있다. 우리 부부는 그와 서로 부둥켜안고 등을 두드리며 반가움을 표현했다. 그는 내 발바닥 물집이 다 나았느냐며 걱정스러운 표정을 짓는다. 그의 표정과 행동, 서양인답지 않은 정情을 듬뿍 지닌 귀여운 녀석이다.

어느덧 우리 오른쪽으로 카스트리요 Castrillo de los Polvazares 마을이 흘러간다. 멀리 보이는 마을의 풍경이 아름답지만, 순례길과 닿아있지 않으니 그냥 지나쳐 갈 뿐이다. 산타 카탈리나 Santa Catalina de Somosa 마을 중앙을 통과하는 순례길 주변의 바르에 순례자들이 앉아있다. 순례길에서의 외국인은 안면이 많아 모두가 친구이자 동료이자 동반자이다. "Hola 올라!" 하고 인사하기를 수십 번, 쉬어가라는 그들의 배려를 웃음으로 무마하고 곧장 마을을 통과해 버렸다. 갈 길이 바쁘다. 세 갈래 길이 반듯하게 일정 간격을 유지하며 일직선으로 뻗어있다. 순례길은 중앙, 왼쪽은 차도, 오른쪽은 농기계가 다니는 길이다. 한나절을 걸으면서 이 차도로 차량이 지나가는 것을 거의 보지 못했다. 그만큼 한적하고 조용하다.

왼쪽 길은 차도,
오른쪽 길은 농기계 길,
중앙이 순례길

엘 간소의 바르

아마 아내 없이 혼자 걸었더라면 한낮의 적막감에 사로잡혔겠지? 작열하는 태양에 목이 타기 시작했다. 모처럼 바람막이 재킷도 벗었다. 추위를 벗어나 오랜만에 느껴보는 호사였다. 길모퉁이의 커다란 나무 십자가가 우리의 발길을 잡았다. 2011년 순례 도중 이곳에서 돌아가신 분을 기리는 기념비다. 시골 정취가 물씬 풍기는 엘 간소El Ganso의 바르에서 콜라로 갈증을 달랬다. 마구간 같은 초라한 바르가 오히려 정겹게 느껴진다. 오늘 우리가 지나온 마을들은 한결같이 튼튼한 돌로 단장된 새집 일색이었지만, 중세의 정취를 살린 모던하면서도 운치 있는 집들이었다.

앞에 알레산드로가 순례길에서 친구가 된 네덜란드 여성과 같이 걷고 있었다. 나는 그의 곁으로 다가가 함께 걷다가 장난스럽게 말했다.

"알레산드로 더 그레이트! 당신의 군대는 어디에 있나요?"

"나의 군대는 지금 그리스에 있죠. 대왕도 데이트할 때는 혼자이어야 되니까요."

그가 하얀 이를 드러내고 활짝 웃는다. 그의 여자 친구도 함께 웃는다. 그는 매번 대왕the Great이라고 부르면 매우 좋아한다. 재치 넘치는 대답에 이번에는 내가 크게 소리 내어 웃었다.

"데이트를 방해하면 안 되니까 먼저 갑니다."

마을 초입에 외롭게 홀로 서 있는 성당을 지나쳐 라바날Rabanal del Camino 마을에 들어섰다. 이곳은 12세기 템플기사단이 이라고Irago 산을 넘어 폰페라다까지 가려는 순례자들을 보호하기 위해 주둔했던 마을이다. 라바날에서 폰페라다Ponferrada까지 이어지는 35킬로미터의 산길은 산적들이 나타나 순례자들을 위협할 만큼 인적이 드물고 험한 곳이다. 마을 중앙에 이르러 산 호세 소성당의 제대 앞에 서서 잠시 기도를 드렸다. 어느 상인이 맡긴 후 찾아가지 않는 보물 상자를 정직한 마부 호세가 죽기 전 성당을 짓는데 봉헌했다는 전설이 살아 숨 쉬는 성당이다. 마을을 빠져나가는 길 왼쪽에 12세기 로마네스크 양식의 건축물이 원형의 벽면을 고스란히 보여준다. 성모 승천성당이다. 폭풍우가 다가오면 신도들이 이곳에 모여 폭풍우가 비켜가기를 기원하며 종을 치면 전혀 해를

라바날의
성모 승천성당

입지 않는다고 한다. 성당 내부를 보고 싶었지만, 문이 잠겨 있다.

우리 부부는 산등성이의 좁은 순례길을 따라 꾸준히 고도를 높여갔다. 자라 보고 놀란 가슴 솥뚜껑 보고도 놀란다고 했던가. 처음 생장피에드포르를 떠나 피레네 산맥을 넘던 시기에 고생을 너무 많이 한 탓에 그동안 오르막만 나오면 경기驚氣를 하곤 했다. 하지만 오늘의 오르막은 급경사가 아니라 서서히 고도를 높이는 산길이라 그렇게 힘들지 않았다. 완만한 산등성이에는 난쟁이 나무가 좁쌀만 한 붉은 꽃을 피우고 있어 언덕이 온통 빨간색 옷을 입었다. 고도가 높아서인지 그늘을 드리울만한 큰 나무는 전혀 없다. 뜨거운 햇살을 그대로 받아 덥긴 하지만, 거칠 것 없는 시야가 눈과 마음을 시원하게 만든다. 경사가 심하지는 않았지만 폰세바돈Foncebadón에 이르는 산길이 무려 6킬로미터나 이어져 발걸음이 무뎌졌

폰세바돈으로 올라가는
언덕길에 만개한
붉은 야생화

다. 우리를 뒤따르는 독일인 부부가 힘겹게 걸어오고 있었다. 그들은 우리를 놓치지 않으려고 우리 등만 쳐다보고 걸었다고 한다. 이처럼 순례자들은 굳이 도와주지 않아도 더불어 걸어간다는 사실 그자체만으로도 위안으로 삼는다.

　가까스로 도착한 폰세바돈의 모습은 이미 허물어진 돌집 주변으로 돌들이 괴기스럽게 흩어져 있는 음산한 마을이었다. 중세 이곳을 찾은 연금술사가 마을주민들로부터 천대를 받자 저주를 내려 마을을 점차 폐허로 만들었다는 전설이 감도는 곳이다. 1986년 순례길을 걸었던 브라질의 소설가 파울로 코엘료도 이곳에서 연금술사 전설을 들었을지 모른다. 그의 유명한 작품 중 하나가 바로 '연금술사'이니 하는 말이다. 산티아고 가는 길은 파울로 코엘료가 제2의 인생을 살도록 영감을 불어넣어 준 곳이다. 어찌 됐든 1990년대부터 순례객들이 증가하면서 폐허가 되어버렸던 마을에 주민들이 하나둘씩 돌아오고 있다고 한다. 마을 입구에 한글로 '알베르게'라

고 쓰여 있는 현대식 건물, 단지 한글이 있다는 것만으로도 감격하여 그
곳으로 들어갔다. 그곳은 오스탈이지만 지하에 알베르게를 따로 두고 있
었다.

그때 진아·진수 남매가 도착하여 서성거린다. 우리는 그들과 반가움
의 인사를 나눴다. 두 남매는 4킬로미터를 더 가면 또 다른 폐허 마을인
만하린에도 알베르게가 있다며 그곳까지 가겠다고 했다. 나중에 안 일이
지만 그들은 만하린에 알베르게가 없어 그다음 마을까지 산길을 무려 12
킬로미터나 걸어갔다고 한다. 그들이 걸어간 길은 죽음의 내리막길이라
고 알려진 가파른 산길이었다. 하지만 그곳도 알베르게가 만원이라 결국
은 오스탈에서 잤다고 한다. 하루에 거의 40킬로미터를 걸었으니 얼마나
피곤했을까?

땅거미가 질 무렵 원래 종탑만 있던 폐허를 복구하여 지금은 기부제
알베르게로 사용하고 있는 성당을 찾아가 사진을 찍는 것으로 오늘의 일
정을 마감했다.

폐허의 성당을 복구한
기부제 알베르게

산티아고
순례길

Embalse de
Bárcena
San Miguel de
Las Dueñas
폰페라다
Ponferrada
캄포
Campo
몰리나세카
Molinaseca
리에고 데 암브로스Riego
de Ambrós
크루스 데 페로
Cruz de Ferro
엘 아세보
El Acebo
만하린
Manjarin
폰세바돈
Foncebadón
5.6(월)
순례 25일차
폰세바돈 2km
크루스 데
페로
만하린
8km
엘 아세보
4km
리에고 데
암브로스
2km
4km
몰리나세카
5km
폰페라다
∴29km
캄포
4km
허브향의
물결을 따라

허브향의 물결을 따라

오늘은 폰페라다까지 무려 30킬로미터 정도의 거리를 걷기로 했다. 가는 길이 산길이다 보니 배낭을 하나 보내기로 했다. 내 배낭에 아내의 무거운 물건들을 집어넣어 폰페라다로 보내고 아내의 배낭은 내가 짊어졌다. 이른 아침 폰세바돈에는 붉은 여명이 드리워져 멀리 보이는 설산이 더욱 두드러졌다. 폰세바돈 수도원의 잔해가 붉은 태양의 기운을 받아 어둠의 장막에서 점차 벗어나기 시작했다. 배낭이 가벼우니 발걸음도 가볍다. 다시 오르는 고갯길이 상쾌하다. 수많은 사람의 기원이 서린 곳 페로의 십자가를 향해 다가갔다.

선사시대 제단이 있었던 곳을 로마가 점령하면서 전령의 신이자 죽음의 사자였던 메르쿠리우스_{Mercurius}를 모시는 제단으로 바꿨다. 그리스 신화에서 헤르메스_{Hermes}였던 신을 로마에서는 메르쿠리우스라는 이름으로 불렀다. 전령의 신은 여러 곳을 여행한다. 심지어 지옥까지도 갔다 올 수 있는 유일한 신이었다. 고대에 여행하는 사람들은 여행길에서 불의의 사고로 많이 죽었다. 그러니 길이 험한 이곳 교차로에 여행자의 신이자 죽음의 전령인 헤르메스, 즉 메르쿠리우스를 섬기는 사제들이 제단을 만드는데 최적의 장소였을 것이다. 로마시대 이곳을 여행하는 사람들은 메르쿠리우스 신에게 자칼을 제물로 바치곤 했다. 하지만 기독교가 전파되면서 가우셀모 수도원장이 이곳에 십자가를 세우면서, 중세의 순례자들은 자신의 기원을 담아 고향에서 가져온 돌을 봉헌하기 시작했다.

요즘은 무거운 돌보다 쪽지나 엽서에 기원을 담아 이곳에 놔두기도 한다.

페로의 십자가가 보이기 시작한 순간 마음에 간직해 왔던 경건함과
신비로움이 일시에 사라져 버린다. 조용한 언덕에 있으려니 생각했는데
삭막한 차도 곁에 돌무더기가 쌓여있어 산만하기 그지없었다. 돌무더기

위로 5미터 정도의 나무기둥이 있고 그 나무기둥 위에 철 십자가가 꽂혀 있었다. 페로의 십자가에 대한 첫인상은 높이 솟아있어 하늘에 더 가깝다는 것을 제외하고는 별다른 감흥이 느껴지지 않았다. 실망감에도 불구하고 우리 부부는 돌을 가져오지 않은 대신 십자가 옆으로 다가가 간단한 기도를 드렸다. 나의 기도는 우리 가족의 건강과 평화, 사제들에 대한 축복 등 매번 같은데 아내는 도대체 무슨 기도를 하는지 전혀 말하지 않는다.

페로의 십자가가 최고의 높이에 있는 줄 알았는데 그렇지 않은가 보다. 해발 천사백 미터에서 천오백 미터 사이를 오르락내리락하고 있다. 그동안 설산을 앞에 두고 걸어왔었다. 하지만 오늘은 거의 동일한 고도에서 설산을 바로 곁에 두고 하늘길을 걸었다. 거목이 없어 답답하지 않고 시야가 너른 풍경, 고산지대의 특색을 가슴과 머리로 음미했다. 배낭도 가벼우니 발걸음도 가볍다. 아내는 저만치 앞서 갔다. 옛날에는 첩첩산중이었을 순례길 한쪽 모퉁이에 만국기가 휘날리는 또 다른 폐허의 흔적이 우리를 기다리고 있었다. 만하린Manjarin이다. 어느 오스피탈레로가

무인 판매대

이곳에 만국기를 꽂아놓고 폐허의 집을 수리하여 알베르게로 만들었다는데, 알베르게는 없고 그 자리를 만국기가 대신하고 있다. 태극기가 휘날릴 때 사진을 찍으려고 기다리고 또 기다렸다. 그러나 무심한 바람은 끝끝내 불지 않았다. 어젯밤 우리가 묵었던 폰세바돈보다 더 철저히 폐허가 된 마을, 오로지 돌무더기만 남아 이곳이 중세의 마을이었음을 알려준다. 그 아래 오솔길 옆, 인형 같은 조그만 오두막에 과일과 주스가 진열돼 있고, 달랑 기부함 하나만 놓여있다. 아내는 바나나와 사과주스를 집어 들고 기부함에 돈을 넣는다. 그 곁에 털썩 주저앉아 가벼운 아침 식사를 했다.

정점을 찍고 점차 고도를 낮추기 시작했다. 전체 구간 중 얼마 되지 않지만 아스팔트 길을 걸어 내려간다는 것은 정말 팍팍하고 싫었다. 무릎에 가해지는 충격도 흙길보다 훨씬 더하다. 내리막길 전체 구간을 누군가 '죽음의 내리막길'이라고 표현했지만 나는 그중에서 오로지 아스팔트 길만 그렇다고 동의한다. 나머지 흙길은 너무도 장엄한 아름다움을 내게 선사했기 때문이다. 탁 트인 시야로 앞뒤 좌우를 마음껏 감상하며 마치 구름 위를 걷는 듯한 착각에 빠지게 만드는 구간이었다. 어제는 붉은 꽃이더니 오늘은 천지가 하얀 꽃 일색이다. 길가의 들꽃들도 각자의 끈질긴 생명력으로 아름다운 꽃을 피워 내고 있었다.

산 아래로 내려다보이는 엘 아세보_{El Acebo} 마을의 검은색 지붕이 푸른 숲과 어우러져 더욱 선명하다. 깊은 산 속 마을, 자연이 선사하는 아름다움이 그대로 묻어난다. 가톨릭 왕국에서는 수백 년간 이 마을에 세금을 부과하지도 성인 남자들을 징집하지도 않았다. 대신 눈이 내리는 날이면 순례자들이 길을 잃지 않도록 길을 표시하는 말뚝을 눈에 박아야 했다. 그만큼 가톨릭 왕국은 순례자들의 안전을 걱정해 왔다. 우리는 마을 입구의 바르에 들어가 앉았다. 아내는 계란말이에 치즈를 얹은 샌드위치가 맛있다며 좋아한다. 그동안 우리가 먹어왔던 보카디요는 샌드위치 빵이 아닌 바게트라서 딱딱했고 내용물도 별로였다. 그러나 이곳에서는 한국식 샌드위치 빵이 나온 것이다. 사소한 것에도 행복을 느끼는, 이

알레산드로 일행과
기념촬영

것이 순례다. 그때 알레산드로 대왕이 여자 친구와 바르에 들어섰다. 그들이 우리를 보더니 매우 반가워한다. 우리는 서로 사진을 남겼다.

　자전거를 타고 순례를 하던 어느 독일인이 생을 마감했다는 자전거 철 조형물 앞에 이르자 왠지 모를 숙연함에 고개를 숙인다. 온통 들꽃으로 가득한 산길을 거칠 것 없는 시야로 내려다보며 터벅터벅 길을 걷는 순례자들, 그들 모두 나름대로 사연이 있을 것이다. 무슨 사연들일까? 나는 이상하게도 순례를 하겠다는 결심을 하고 난 뒤 순례는 마치 신의 부름에 응한 것처럼 돌이킬 수 없는 현상이 되어버렸다. 허브 향기가 코끝을 자극한다. 기독교인으로 신교에 다닐 때 가장 친하게 지내왔고 구교로 옮긴 지금도 가장 믿고 의지하는 김영일 집사님은 허브농장을 하고 있다. 그 허브 농장에서 맡았던 향기가 풍겨오는 것이다. 향긋한 향을 풍기는 꽃들이 지천에 깔렸었다. 나중에 귀국하여 김영일 집사님 부부에게 물

어보니 '프렌치 라벤더'란다. 요즘 힐링을 꿈꾸는 많은 사람이 집안 화분에서 허브의 향과 풍미를 즐긴다. 하지만 우리는 자연에서 허브 향기를 즐기고 있으니 이 또한 순례길의 행복이다.

좁은 산길 사이로 목재 난간이 금방이라도 떨어져 나갈 듯 위태로운 전통 시골집이 모습을 드러냈다. 쓰러져가는 낡은 시골집을 볼 때마다 중세의 향기를 느끼기 위해 가까이 다가가곤 했다. 나름의 폐허가 눈을 즐겁게 해주기도 한다. 순례길이 아니라면 아무렇게나 방치된 옛집들을 어찌 볼 수 있으리. 요즘은 마을마다 바르에서 쉬어간다. 추위 때문에 야외에서 쉬기 어렵다. 하지만 이곳 리에고 Riego de Ambrós 에는 순례자를 위한 편의시설이 하나도 없다. 유난히 많은 중세풍의 낡은 목재 난간으로 아쉬움을 대신하며 눈만 호사시켰다.

죽음의 내리막길? 하지만 우리에게는 시원한 즐거움의 오솔길로 다가온다. 하늘은 다시 이맛살을 찌푸리고 금방이라도 눈물을 흘릴 것처럼 인상을 쓰고 있지만, 아직은 괜찮다. 길과 들꽃이 주는 상큼함을 만끽하며 중세의 외관과 분위기를 그대로 간직한 아름다운 돌다리를 건너 몰리나세카 Molinaseca 로 진입했다. 마을을 관통하는 순례길 입구에는 바르, 카페테리아, 티엔다 등의 편의시설이 즐비하다. 바르의 주인이 우리를 보고 "어서오세요"와 "감사합니다"를 연발한다. 그만큼 한국인 순례자가 많다는 의미 아닌가. 구멍가게인 티엔다에서 간단한 먹을거리를 산 다음

어느 주택 앞의 돌 의자에 앉아 점심을 먹었다. 에스파냐의 시골
마을은 어느 집은 돌로, 어느 집은 긴 나무로 나그네가 쉬어갈 수
있는 벤치를 만들어 놓았다. 노인들이 양지바른 벤치에 오순도순
모여앉아 이야기를 나누며 일광욕을 즐길 것 같았지만, 순례길
내내 마을 노인들이 앉아있는 모습은 보지 못했다. 날씨가 추워
서인가?

　절대 끝나지 않을 것 같던 내리막길도 이젠 끝이 났다. 깨끗
하게 단장된 마을을 지나 차도의 보도를 타고 걷는다. 폰페라다
가 눈앞에 보이는데도 순례길은 차도에서 왼쪽으로 꺾여 시골 마
을 캄포 Campo 를 기어이 통과한다. 벌써 날짜가 많이 지나갔나 보
다. 처음 순례를 시작할 때 포도밭의 메마름만 보아왔던 터, 이곳
의 포도나무에는 이미 이파리가 푸릇푸릇 돋아나 있다. 광활한
포도밭, 순례자 메뉴에 빠짐없이 등장하던 포도주가 값이 싼 이
유를 알 것 같았다. 캄포 마을은 폰페라다로 들어가는 관문일 뿐

특별한 사연이나 독특한 건물이 별로 없다. 그냥 차도로 반듯하게 걸었더라면 벌써 폰페라다에 도착했을 걸……. 마스카론 다리를 통해 폰페라다 시가지로 들어갔다. 가랑비가 추적추적 내리고 있다. 기부제 알베르게에 여장을 풀고 대학인 세요를 받기 위해 UNED대학 UNED Ponferrada 을 찾아 나섰다. 빗줄기는 어느새 굵어지기 시작했다. 알베르게 입구의 관광안내소 Oficina de turisimo 로 찾아가 UNED의 위치와 약도를 구해 무난히 세요를 받았다. 다른 곳과 달리 이곳의 UNED는 독립 건물로 규모가 커 쉽게 눈에 띄었다. 저녁이 다 되어서 한국인 가톨릭 부부가 도착했다. 전날 우리가 묵었던 폰세바돈 직전의 마을 라바날에서 묵었기 때문에 그들은 우리보다 6킬로미터를 더 걸어 여기에 온 것이다. 그런데 중요한 것은 그들은 어젯밤 미사에서 그레고리안 성가를 들었다는 사실이다. 사실 우리 부부는 말만 가톨릭 신도지 거의 20년 동안 개신교를 다닌 관계로

폰페라다 초입의 마스카론 다리

UNED Ponferrada

그레고리안 성가를 직접 들어 본 적이 없었다. 가톨릭 부부 중 남편 되는 분은 가톨릭에 조예가 깊었다. 우리가 그레고리안 성가에 대해 묻자 술술 답이 나온다.

그레고리안 성가Gregorian Chant란 원래 중세 유럽의 수도원에서 시작된 미사 성가였다고 한다. 7세기 초 교황 성 그레고리우스Gregorius, 590~604 1세가 구전되어 오던 성가를 집대성하여 정착시켰기 때문에 그레고리안 성가라 부른단다. 원칙적으로 라틴어를 사용하며 가톨릭의 전례와 밀접하게 연관되어 발전해 왔으나 중세 이후 악기 등을 동원한 다성 음악이 출현하면서 쇠퇴하기 시작했다고 했다. 운율을 가락으로 맞춰 낭송하는 형태의 음악이라는데……. 지금까지 여러 마을을 지나오면서 저녁 미사에 참례했었다. 그런데 어느 성당은 신부님이 직접 노래를 부르면서 성체성사를 하곤 했는데 혹시 그 노래가 그레고리안 성가가 아닌지 모르겠다.

마카로니로 직접 요리해 저녁 식사를 한 다음 알베르게 앞 성당에서

알베르게 외부와 내부

각국 순례자 10여 명과 함께 모였다. 오스피탈레로의 지도로 각자 기도문을 외우며 30분 동안 모임을 했다. 모임이 끝나자 아내가 저녁이 부실했다며 슈퍼마켓에 가자고 했다. 마켓에서 샐러드, 콜라, 빵 등 내일 아침거리까지 사 왔다. 그리고 샐러드로 부족했던 식사량을 보충했다.

오늘은 특별히 행복한 밤이다. 2층 침대 2개가 있어 4명이 묵게 돼 있는 방에 오로지 우리 부부만 있게 된 것이다. 밖의 침대에는 사람이 넘쳐나는데도 말이다. 행복한 밤이 내일도 모레도 지속되었으면……

비야프랑카 델 비에르소
Villafranca del Bierzo
발투이예 데 아리바
Valtuille de Arriba
피에로스
Pieros
카카벨로스
Cacabelos
캄포나라야
Camponaraya
콜룸브리아노스
Columbrianos
Embalse de
Bárcena
푸엔테스 누에바스
Puentes Nuevas
Toral de
los Vados
La Martina
폰페라다
Ponferrada
5.7(화)
순례 26일차
폰페라다
5km
콜룸브리아
노스
3km
푸엔테스
누에바스
2km
캄포나라야
7.5km
카카벨로스/
피에로스
발투이예
데 아리바
비야프랑카 델 비에르소
∴25.5km
8km
예수님의
첫 번째 표징을
묵상하다

예수님의 첫 번째 표징을
묵상하다

폰페라다는 템플기사단이 보유한 요새 중의 요새였다. 레온 왕국의 페르난도 2세는 1170년 산티아고 기사단의 설립을 승인하는 등 산티아고 순례길을 중요시했다. 그는 순례자들의 안전을 보장하기 위해 폰페라다를 템플기사단에 맡겼다. 이 때문에 템플기사단은 이곳에 성을 쌓고 산티아고로 가는 순례자들을 보호하는 임무를 수행하였다.

템플기사단의 성채

　성 안드레스 성당을 오른쪽으로 끼
고 과거 기사들이 세 겹의 성벽에서 세
번의 맹세를 했다는 웅장한 성벽을 돌
아갔다. 엔시나 바실리카 성모 성당도
또 하나의 볼거리였다. 성당 앞에 떡
갈나무와 성모상이 눈에 띈다. 템플기
사단이 성채의 대들보로 쓸 나무를 구
하기 위해 숲으로 들어가 떡갈나무를
자르는데 그 나무가 신비한 광채를 머

떡갈나무의 성모상

금고 있었다고 한다. 템플기사단은 도끼에 의해 아기 예수의 다리 부분
이 상처를 입은 성모상을 발견하고, 그 성모상을 위한 성전을 건축한 것
이다.

　이른 아침 폰페라다를 벗어나자 순례길은 전원주택이 가득 들어찬
주택가를 돌고 또 돌아간다. 순례자들의 고충은 안중에도 없는 듯 빙빙
돌려놓은 순례길에 슬그머니 화가 치밀어 오른다. 고풍스러운 집도 없는
그저 그런 길을 마치 고급 주택들을 구경이나 하라는 듯, 가진 자들의 허
영을 전시해 놓은 길을 따라 간다.

　포도밭이 펼쳐지자 이제야 답답함이 가신다. 콜룸브리아노스<sub>Colum-
brianos</sub>의 산 에스테반 성당과 그 맞은편의 오래된 옛집이 나의 조급증을
달래주며 쉬어가라 손짓한다. 포도주가 부드럽고 신선하기로 유명하다
는 마을에서 와인 한 잔 마시지 못하고 그냥 가야 한다니…… 사실 와인

순례자가 그린
성 야고보의 벽화가 있는
콜룸브리아노스의 성당

은 19세기 초까지만 해도 음료수로 인식되었다. 그 후 와인에도 알코올이 함유돼 있다는 사실이 밝혀지고 나서야 인간의 마음을 어지럽히는 술로 취급되었다. 나폴레옹이 에스파냐를 침공할 당시에도 프랑스 군인들에게 매일 0.5리터의 와인이 지급되었다. 물 대용으로 사용된 것이다. 에스파냐군이 우물에 독을 풀었을 수도 있으니 와인을 마시도록 하는 것이 어찌 보면 당연했다. 더더군다나 전투 시 용기를 북돋아 주기까지 하였으니 그야말로 금상첨화인 음료였다. 마을 중간쯤 어느 순례자가 성 야고보의 모습을 그렸다는 소박한 성당 벽을 구경하고 길 건너편 바르에서 따끈한 카페 콘 레체 한 잔으로 와인을 대신했다. 가톨릭 부부도 이곳에

들어와 아침 식사를 하고 있었다.

지난 2일 동안 우리가 걸었던 길 주변의 마을들은 모두 중세풍의 외관을 간직하고 있어 좋았다. 오늘도 그랬으면 좋겠는데 현대적인 모습으로 많이 탈바꿈해 있었다. 푸엔테스 누에바스Puentes Nuevas 마을도 전통과 현대를 아우르는 집들이 어깨를 마주 대고 있었다. 야생 양귀비가 붉은 꽃을 활짝 피우고 있는 밭을 지나는데 빗줄기가 굵어진다. 지난번 슈퍼마켓에서 샀던 판초 우의를 꺼내 입었지만 질이 좋지 않아 구겨진 곳이 자꾸만 찢어졌다.

캄포나라야Camponaraya 마을, 넓고 얇은 검은색 돌로 촘촘히 얹은 지붕을 머리에 이고 고풍스러운 자태를 뽐내는 집들이 아름다워 가다 서기를 반복하며 구경했다. 지붕이 있는 야외 쉼터에서 잠깐 비를 피할까도 생각했지만, 인근 노천 바르에 앉아 쉬기로 했다. 커피를 음미하는데 쉼터 앞 거대한 나신의 조각상으로 눈이 옮겨간다. 온몸에 빗물 자국을 남긴 채 추위와 비바람 속에 서 있는 나신의 조각상 그리고 따뜻한 커피, 추위와 온기의 의미 있는 조화다.

푸릇푸릇 돋아나는 이파리를 다그치는 굵은 빗방울에 벌써 포도 알

갱이를 기대하는 내 마음. 조급증이 앞서도 너무 앞섰나 보다. 카카벨로 스Cacabelos를 알리는 마을 표지판 뒤편, 비를 피할 수 있는 쉼터에서 잠깐 의 휴식을 취해 본다. 쉼터 뒷벽에 무수한 낙서가 순례자들의 마음을 대 변하고 있었다. 돌 벽돌 하나하나에 자신들의 사연을 담아놓았다. 하지 만 우리는 낙서할 힘마저도 이미 고갈되어 버렸다. 그냥 멀거니 낙서를 바라볼 뿐이다. 그때 아내가 소리쳤다.

"여기 봐 여기. 권 선생님이 벌써 우리를 6일이나 앞서 지나갔어."

돌 벽돌 하나에 "권영익, Kwon Young Ik. 2013. 5. 1 Buen Camino" 라고 적혀 있었다. 프로야구 심판위원인 권 선배를 그렇게 보고 싶어 했 는데 우리보다 훨씬 앞섰으니 에스파냐에서는 다시 만나기 힘들 것이다. 카카벨로스 마을의 난간은 한결같이 밖으로 돌출되어 인도를 뒤덮고 있 었다. 덕분에 그 밑을 걸어가는 우리는 저절로 비를 피할 수 있어 좋았 다. 조그마한 성당 안에 한 노인이 앉아 세요를 찍어준다. 성당 안은 성 물들을 진열해 놓은 소형 박물관으로 탈바꿈해 있었다. 아내가 기부함에 동전을 넣자 오스피탈레로 노인이 "Gracias! Buen Camino감사합니다! 좋은 길 되세요!" 하고 외친다.

피에로스_{Pieros}마을. 넓은 포도밭을 정원 삼아 예쁜 화분을 주렁주렁 매달아 놓은 집이 아름답다. 차도_{車道} 오른쪽에 아담하고 전원적인 주택들이 줄지어 있고 알베르게도 보인다. 조각조각 돌조각을 이어붙인 지붕이 아름다워 발길을 멈췄다. 한참을 감상하느라 앞서 가던 아내를 따라잡느라 땀을 흘려야 했다. 포도밭이 지평선을 이루고 있는 흙길로 들어섰다. 아스팔트 길을 벗어났다는 기쁨에 들떠 발걸음이 가벼워지던 시간도 잠시뿐 빗속의 발투이예_{Valtuille de Arriba} 마을은 어떤 편의시설도 허락하지 않았다. 바르가 하나 있었지만, 폐쇄된 지 오래됐나 보다. 문이 굳게 닫혀있었다. 다 찌그러져 가는 옛집들이 모던한 건물과 조화를 이루는 정겨운 시골 마을이다. 비에 젖은 장작을 만지던 아낙에게 "올라!" 하고 인사하자 기다렸다는 듯 "올라! 부엔 카미노!"를 외친다. 그리고 이내 장작을 손질한다.

어제 너무 많이 걸은 탓에 빗속을 거닐던 아내가 힘들어했다. 어제는 배낭 없이 걷다가 오늘 배낭을 짊어지니 너무 무겁게 느껴진다고 한다. 하기야 단 몇 그램만으로도 금세 버거워지는 순례길이다 보니 그럴 만하다. 아내는 무거워도 계속 배낭을 지고 가야 무게감을 극복할 수 있다며 다시는 배낭을 미리 보내지 않겠다고 한다. 저절로 탄식이 나왔다. 그냥 주저앉아 쉬고 싶지만, 비에 흠뻑 젖은 길에 어찌 앉겠는가. 걷는 것이 사명인 양, 그저 걷는다. 발걸음이 무겁다. 저 멀리 언덕 위로 구름이 흘러가고 있었다. 포도밭으로 둘러싸인 언덕 위에 하얀 집이 서 있다. 저 언덕 위의 하얀 집을 향해 가야만 한다. 언덕 위의 하얀 집은 고통의 집이

언덕 위의 하얀 집

었다. 언덕에 올라서 물끄러미 포도밭과 하얀 집을 바라보았다.

예수께서는 갈릴리Galilee 가나안Canaan의 혼인 잔치에 초대받아 처음으로 표징을 일으켜 물을 포도주로 변하게 하였다.요한 2, 1~12 예수님의 첫 번째 기적을 묵상하며 이러한 기적으로 아내가 비야프랑카에 뚝딱 가 있으면 좋겠다는 엉뚱한 생각을 하였다. 다소 엉뚱한 묵상이었지만, 다음 날 이 묵상이 장소만 다를 뿐 현실로 일어난 것 같은 일이 발생했다. 나도 믿기 어려운 현상이 다음 날 실제로 일어난 것이다.

농가 창고 벽에 쓰여 있는 "비야프랑카Villafranca"라는 낙서가 왜 그리도 반가웠던지! 한걸음에 달려갔지만, 우린 다시 걸어야 할 운명, 마을은 보이지 않는다. 아내는 비몽사몽, 비틀비틀, 발을 질질 끌다시피 다시 걷고 있다. 마을 입구에 있다는 산티아고 성당에 도달하기도 전, 시립 알베르게6유로, 세탁건조 6유로로 들어갈 수밖에 없었다. 너무 지쳤기 때문이었다. 우선은 좀 쉰 다음 시내구경과 저녁 미사를 드려야겠다.

한 여성이 반쯤 초주검이 된 상태로 들어왔다. 그녀는 옷도 벗지 않고, 씻지도 않은 채 침대에 벌러덩 드러누워 버렸다. 58세의 캐나다 여

성은 누운 채 나에게 말했다. 젊은이들은 하룻밤 자고 나면 기력을 완전히 회복하는데 나이가 먹은 자신은 날이 갈수록 피곤함이 누적되어 하루하루가 피곤의 연속이라는 것이다. 아침에는 기력을 회복한 것 같다가도 서너 시간 걸으면 피곤함이 급속도로 엄습하여 견디기 어렵다고 했다. 사실 그녀의 말이 맞다. 대부분의 젊은 사람은 10여 일을 걸으면 적응이 되어 피곤하지도 힘들지도 않다고 말한다. 하지만 우리 부부는 시일이 지날수록 피곤함이 누적되어 더욱 힘들었다. 그녀는 그날 밤 일어나지 못한 채 그대로 잠들어 버렸다.

서너 시간을 쉬고 나서 우리 부부는 저녁 식사도 할 겸 산티아고 성당도 구경할 겸 밖으로 나갔다. 알베르게 바로 앞에 산티아고 성당이 있었다. 몸이 아프고 병든 사람이 도저히 '산티아고 데 콤포스텔라'까지 갈 수 없을 때 이곳 산티아고 성당의 문턱을 넘으면 순례를 마친 것으로 인

비야프랑카의 산티아고 성당

정해 줬다는 성당, 성당의 규모나 시설은 초라하기 그지없었다. 오늘 하루 너무 힘든 여정을 경험했기 때문에 산티아고 성당의 문턱을 넘을 수 있었다면 여기서 순례를 끝내려고 했을지도 모른다. 하지만 성당의 문은 굳게굳게 닫혀 있었다. 성당 문턱을 넘지 못했으니 그냥 순례를 계속해야겠다.

8시가 넘어야 메뉴를 주문할 수 있기 때문에 미사를 먼저 드려야 했다. 미사를 드릴 '클루니아코 산타 마리아' 성당은 마을 끝에 있어 한참을 걸어갔다. 엄청나게 큰 성수 통에서 성수를 찍어 십자성호를 그렸다. 신부님은 시종일관 미소를 짓는다. 미사가 끝나자 순례자를 부른다. 한국, 호주, 이탈리아 순례자가 각각 2명씩 총 6명이었다. 신부님의 강복 기도를 받으니 아팠던 발이 다 나은 것처럼 가벼워진다. 그날 밤 순례자 메뉴에 포함된 와인 1병을 다 들이켰다, 예수님의 첫 번째 기적을 회상하면서.

저녁 식사를 한
카페테리아

Pedrafita do Cebreiro
라구나 데 카스티야
Laguna de Castilla
오 세브레이로
O Cebreiro
암바스메스타스
Ambasmestas
루이텔란
Ruitelán
라 포르텔라
La Portela
라 파바
La Faba
라스 에레리아스
Las Herrerias
베가 데 발카르세
Vega de Valcarce
트라바델로
Trabadelo
페레헤
Pereje
비야프랑카 델 비에르소
Villafranca del Bierzo
Corullón
5.8(수)
순례 27일차
비야프랑카 델 비에르소
5km
페레헤
3.5km
라 포르텔라
5km
트라바델로
1.5km
2.5km
암바스메스타스
라구나 데 카스티야
2km
오 세브레이로
∴27.5km
베가 데 발카르세
2km
라 파바
루이텔란
1km
4km
라스 에레리아스
1km

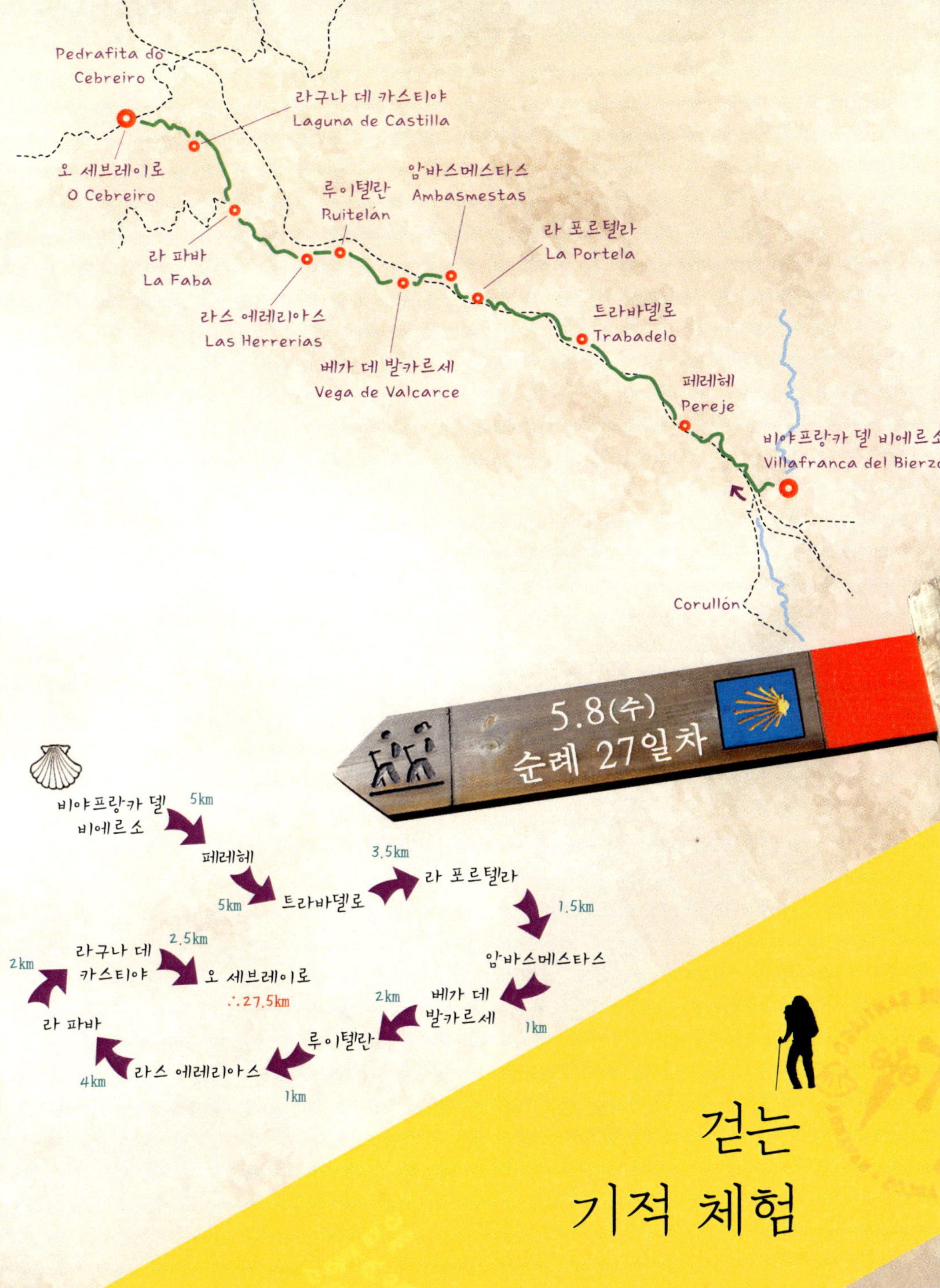

걷는 기적 체험

걷는 기적 체험

산티아고 가는 길에는 유난히 다리가 많다. 물이 풍부한 에스파냐, 하지만 중세의 순례자들에게 강은 하나의 장애물이었을 것이다. 그래서 카미노의 3대 성인들이 주로 다리를 많이 건설했다. 발카르세 강에 놓인 중세의 웅장한 다리를 건너 비야프랑카 Villafranca del Bierzo 를 빠져나간다. 추적추적 내리는 이슬비를 맞으며 시멘트 분리대로 차도와 구분지어진 순례길을 터벅터벅 걸었다.

차도 오른쪽으로 울창한 숲을 지나자 페레헤 Pereje 마을이 나타났다. 빗길을 걸어온지라 배가 고파 바르를 찾았다. 그러나 하나뿐인 바르의 문은 닫혀 있었다. 어디서 아침을 먹

비야프랑카에서
페레헤로 향하는 순례길

페레헤 마을의 어느 집 대문에
매달려 있는 바케트빵

어야 할지 난감했지만, 선택의 폭이 넓지 않았다. 음식을 미리 준비하지
않았으니 다음 마을까지 그냥 가야 했다. 이처럼 작은 마을에 무슨 순례
자를 위한 병원과 성당을 짓겠다고 수도원끼리 싸움을 했는지 이해가 되
지 않았다. 오 세브레이로O Cebreiro의 수도원에서 이 마을에 병원과 성낭
을 세우려 하자 비야프랑카의 산타 마리아 수도원이 반발하면서 관할권
분쟁이 벌어졌다. 결국, 비야프랑카의 수도원이 승리한 것으로 알려졌
지만, 상처뿐인 영광이었으리라. 하지만 이것뿐이 아니다. 알폰소 6세의
딸 우라카Urraca가 이 마을의 허름한 오레오Horreo, 곡물 저장고에서 출생하
여 여왕이 됨으로써 이 마을 주민들은 중세에 세금과 군대징집을 면제받
았다고 한다. 우라카는 프랑스에서 온 십자군 기사 라이문도와 결혼하여
아들을 낳았으나 남편이 죽고 오빠인 산초가 암살되자 부왕인 알폰소 6
세의 뒤를 이어 왕위를 계승하게 되었다. 그리고 6촌 친척인 아라곤 왕국
의 왕 알폰소 1세와 재혼하였으나 재혼한 남편과 이혼하고 전쟁을 치르
는 등 파란만장한 삶을 살았다. 사연도 많은 마을을 빠져나가려는데 어
느 집 문에 바게트 빵이 대롱대롱 매달려 있다. 우리나라의 우유배달처

럼 여기도 빵을 배달해 주는가 보다. 배고픈 순례자가 빵을 조금 떼어먹을 법도 한데 아무도 그러지를 않는다. 착한 순례자들이다.

오늘은 세차게 흐르는 강을 거슬러 올라가는 여정이다. 간간이 내리던 이슬비가 얼굴에 흩뿌려지는 안개비로 변했다. 트라바델로Trabadelo 마을에 들어서자 순례자들이 모여 있다. 바르였다. 모두 아침 식사를 하기 위해 이곳에 있는 것이다. 우리는 바르에 들어가 순서를 기다렸다. 무려 30분을 기다린 다음에야 토르티야감자를 넣은 계란말이와 카페 콘 레체로 식사를 할 수 있었다. 우리를 끝으로 토르티야는 아예 떨어졌단다. 기다리는데 30분, 식사하며 오늘 일정을 확인하는데 30분, 무려 1시간을 바르에서 보냈다. 그런데 그곳에서 백 미터 쯤 떨어진 곳에 훌륭한 바르가 있었다. 모든 순례자가 마을 초입의 바르를 지나치면 바르가 없을지도 모른다는 생각에 첫 번째 바르에 몰린 것이었다. 바위 계곡 사이에 있는 이 마을은 중세 순례자들이 지나가는 노루목이나 마찬가지였다. 이러한 지형을 이용하여 이 마을의 귀족들은 도둑들과 결탁하여 순례자들에게 통행료를 걷거나 강탈하기로 유명했다. 우라카 여왕의 아버지 알폰소 6세는 템플기사단과 연합하여 이곳의 부패한 귀족과 강도들을 토벌하여 순례자들의 안전을 도모했다고 한다.

발카르세 계곡 사이의 좁은 길을 지나갔다. 이 마을의 이름 또한 작은 문이라는 뜻을 가진 라 포르텔라La Portela다. 잘 포장된 한적한 도로를 따라 펼쳐진 마을은 조용하지도 시끌벅적하지도 않은 한적한 곳이었다. 도로 왼쪽으로 자그마한 성당이 있고 그 안에 세요가 놓여 있었다. 내가 크

베가 데 발카르세 마을에서
쉬고 있는 순례자

레덴시알에 세요를 찍는 동안 아내는 1유로를 기부함에 넣고 간절한 염원을 담은 촛불을 밝힌다. 암바스메스타스Ambasmestas, 베가 데 발카르세Vega de Valcarce, 루이텔란Ruitelán, 라스 에레리아스Las Herrerías 마을이 연이어 이어졌다. 라스 에레리아스 마을 입구의 바르에서 간단한 요기를 하고 있는데 맞은편에 성당이 보였다. 나는 주인에게 성당의 명칭을 물었다. 산 훌리안San Julian 성당이라고 했다. 그때 사십 대 후반으로 보이는 한국인 여자 순례자가 눈에 띄었다. 그녀는 한국인 24명이 단체로 여행사를 통해 순례하고 있다는 소식을 전해준다. 그리고 그들로 인한 번잡함과 부산함을 피해 빨리 걷고 있다는 것이다. 건강상태도 다르고 보폭도 다른 사람들이 단체로 걷는다면 어떻게 일정을 맞출 수 있을까 하는 의문이 앞섰다. 우리들도 지금까지 보폭과 속도가 동일한 사람을 보지 못했기 때문이었다. 물론 서너 사람이 서로 보폭을 맞출 수는 있다. 하지만 20여 명이 보폭을 맞춘다는 것은 조금 무리가 아닐까?

이제부터 꾸준히 고도를 높여야 했다. 어느덧 비는 완전히 그치고 하늘은 짙푸르다 못해 검게 물들었다. 힘든 산길을 계속 올라가니 땀이 나지 않을 리 없다. 원래의 여정은 여기까지였다. 조금 힘이 남으면 다음 마을인 라 파바La Faba까지만 가기로 했었다. 하지만 아내는 이곳을 조금도 주저하지 않고 통과해 저만치 멀리 가고 있다. 어제까지만 해도 빈사 상태로 피곤해했던 아내였다. 하지만 오늘은 마치 발에 원동기 장치를 매단 듯 빨리 걸어간다. 좁은 산길로 접어들었다. 산 아래 마을이 한눈에 들어온다. 능선을 타고 오르는데 오른쪽 오금이 저릿저릿 저려와 도저히 걸을 수 없었다. 아내는 이미 내 시야에서 사라져 버린 지 오래였다. 라구나Laguna de Castilla 마을에서 소떼가 우르르 몰려 내려와 순례자들을 길 옆으로 밀어버렸다. 이 길은 소가 우선이다. 큰소리로 아내를 불렀다.

"그만 가자. 발도 아프고. 여기 알베르게에서 자고 가자."

"난 괜찮은데. 발이 너무 가벼워서 걷는데 힘든 걸 모르겠어."

오 세브레이로로 올라가는 언덕길

바르에 앉아 생맥주 500CC를 시켰다. 너무 힘들어 술기운으로 올라가야 할 것 같았다. 맥주를 들이켜고 콜라까지 마셨다. 그러고도 피곤해서 일어날 수 없었다. 하지만 아내는 기적의 성배聖杯와 성합聖盒이 있는 오 세브레이로의 성당에 가서 미사를 드려야 한다는 것이다. 어쩔 수 없었다. 그냥 따라갈 수밖에. 어제와 달리 오늘 너무도 잘 걷는 아내가 이상하고 신비스럽기까지 했다. 반면 나는 경탄을 불러일으킬 웅장한 풍경도 눈에 들어오지 않을 만큼 힘들었다. 한 걸음 한 걸음 내딛다 보니 발이 기계처럼 끊임없이 작동했다. 느릿느릿 걸었지만 갈리시아Galicia 지방으로 들어선다는 경계석이 푸른 하늘을 배경으로 우리를 채찍질하고 있었다. 느림의 미학이 곧 빠름의 미학임을 깨닫는다. 드디어 해발 1,300미터의 산꼭대기에 올라앉은 순례길의 중요한 역참驛站 마을 오 세브레이로에 들어섰다. 9세기의 수수한 산타마리아 성

중세풍의 돌집이
운집해 있는
세브레이로 마을

당 앞에 들어선 아주 작은 중세의 돌집마을, 아기자기한 초가지붕과 돌절편을 얹은 지붕도 보인다. 관광객들의 현대적 옷차림만 제외한다면 우리는 중세마을의 한복판에 있다고 할 수 있을 정도였다. 이곳에 오르기 위해 저 아랫마을에서부터 얼마나 많은 고난을 감내해야 했던가!

14세기 험난한 산 아래 마을에 살고 있던 후안 산틴Juan Santin이라는 농부가 미사에 참석하기 위해 모진 폭풍우를 뚫고 성당에 왔다. 그러나 그 성당의 신부는 농부를 성체성사 때 포도주와 빵이나 축내는 사람쯤으로 멸시했다. 그런데 농부가 성체를 받아 모시자 실제로 빵과 포도주가 예수님의 살과 피로 변하는 기적이 일어났다. 그러자 성모마리아 상像이 그 기적을 보기 위해 머리를 숙였다. 이 소식은 유럽 전역으로 퍼져 나갔고 이 마을은 명소가 되었다.

우리 부부는 서둘러 알베르게에 여장을 풀고 저녁 미사에 참례했다. 두 분의 사제와 한 분의 수사가 진행하는 미사는 성스럽기 그지없었다. 그 당시 포도주를 담았던 기적의 성배와 영성체領聖體를 모셨던 성합이 성당 내부 오른쪽에 보관돼 있었다. 일설에는 이사벨 여왕이 기적의 성배와 성합을 탐하여 자신의 궁전으로 가져가려 했으나 마차가 움직이지 못해 다시 그곳에 두도록 했다고 한다. 미사가 끝나자 수사와 두 분의 신도가 기적의 성배와 성합 앞에 앉아 기도서를 읽으며 성가를 부르고 있었다. 그동안 우리가 참례했던 어떤 미사보다 의미가 있었다. 아내의 경

쾌한 걸음걸이가 나를 여기까지 이끌었다. 전혀 예상치 못했던 곳까지 온 것이다.

어제는 그렇게 힘들어하던 아내가 오늘은 날개 달린 듯 걸을 수 있었던 이유가 무엇인가? 나는 묻고 또 물었다. 아내가 비야프랑카의 산티아고 성당을 지나가는데 갑자기 귓가에 성가 소리가 들렸다고 한다. 그레고리안 성가였나? 그때부터 다리의 통증이 없어지고 무거웠던 발걸음이 가벼워졌다는 것이다. 그로 인해 무리하지 않고 오 세브레이로까지 걸어와 기적의 성배와 성합을 볼 수 있었다고 했다. 나는 엄청나게 무리했는데…… 어제 예수님의 첫 번째 기적을 묵상하며, 도깨비 방망이로 "목적지에 가 있어라. 뚝딱!" 하면 이뤄지는 그러한 기적이 일어나기를 바랐는데 오늘 이루어진 것이 아닐까? 아니면 산티아고까지 가지 못할 정도로 병마에 시달리던 순례자가 비야프랑카의 산티아고 성당 문턱을 넘으면 순례를 마친 것으로 인정해 줬다는데, 어제 성당 문이 닫혀 있어 문턱을 넘지 못한 우리에게 일종의 은총을 베푼 것은 아닐까? 다른 사람은 이해하지 못할 것이다. 하지만 나는 직접 아내의 걸음걸이를 곁에서 지켜보았다. 믿지 않을 수 없다. 아니 믿는다!

　세계적인 소설가 파울로 코엘료도 꾸준히 걸어서 순례를 하고 있었다. 그런 그가 이곳 오 세브레이로에 이르러 갑자기 영적 깨달음을 얻어 돌연 순례를 중단했다. 그리고 버스로 이동했다. 다음 해인 1987년 그의 작품 '순례자'가 탄생한다. 그도 이곳에서 영감을 얻어 소설가로 대성했는데 우리 부부라고 영적 체험을 하지 못할 이유가 없지 않은가. 나는 아내의 빠르고 경쾌한 걸음걸이에서 종교적인 신비로움을 체험했다.

그레고리안 성가를 마음으로 듣다

그레고리안 성가를
마음으로 듣다

새벽부터 시작된 빗발이 오전 내내 간간이 이어진다. 갈리시아의 입구 세브레이로_{Cebreiro}의 하늘은 비와 안개를 번갈아 보여 주며 순례자들을 괴롭혔다. 노란 우의를 입은 진아·진수 남매가 안갯속을 나란히 걷고 있다. 하얀 비구름과 노란색 우의가 색상 대비를 이뤄 노란색이 더욱 선명하게 보인다. 리냐레스_{Liñares} 마을에 이르자 소똥 냄새가 진동한다. 습기가 많은 날씨라 유달리 냄새가 심하다. 그러나 냄새는 움푹 파인 길의 소똥 진창에 비교하면 한낱 향기에 불과했다. 질펀한 순례길, 어느 곳이 진흙탕이고 어느 곳이 소똥 수렁인지 구분하기 힘들다. 오늘은 종일 소똥 냄새와 싸워야 할지 모르겠다. 산 로께 언덕의 순례자 동상, 비바람을 뚫고 걸어가는 우리의 모습이 순례자 동상을 닮았다. 비구름이 능선을 따라 고개를 젖힌 동상 주위를 흘러간다. 비, 구름 그리고 바람은 순례자 동상을 더욱 외롭고 고독한 형상으로 몰아간다.

산 로께 언덕의
순례자 동상

1. 포이오 언덕 정상의 하얀 집
2. 바르

비바람을 피하려고 고개를 푹 숙이고 걷다 보니 오스피탈 다 콘데사 Hospital da Condesa 마을을 지나쳐 버렸다. 성당이 있는 전형적인 자그마한 농촌 마을이었다. 파도르넬로Padornelo마을로 들어서는 좁은 산길, 성당의 종탑부터 보였다. 굳게 닫힌 작은 성당과 집 몇 채가 고작이지만, 중세의 향기가 진하게 배어 나온다. 마을 끝 공원묘지에는 누군지 모를 묘들이 다닥다닥 밀집돼 있었다. 과거에는 비교적 큰 마을이었나 보다. 저 멀리 가파른 언덕 위에 하얀 집이 안개 사이로 조그맣게 보였다. 저기까지 올라가려면 얼마나 많은 힘을 소비해야 할까. 벌써 힘들어진다. 그저께 비야프랑카로 가기 전 '언덕 위의 하얀 집'을 바라보며 얼마나 힘든 발걸음을 옮겼던가. 언덕 위의 하얀 집은 고통 속의 하얀 집이다. 해발 1,400미터 가까운 포이오 언덕ALto de Poio의 하얀 집을 목표 삼아 가파른 언덕길을 올라갔다. 고통 뒤에는 달콤한 휴식이 뒤따르게 마련인가 보다. 하얀 집은 바르였다. 비도 피할 겸 식사도 할 겸 바르에 들어가 커피와 보카디요로 식사를 했다. 바르 안은 비와 추위를 피하려는 순례자들로 북적거렸다.

알베르게까지 갖춘 소박한 포이오 언덕에서 비교적 완만한 차도를 따라 내려갔다. 소똥 냄새가 진동하는 폰프리아Fonfria 마을을 지나는데 어느 할머니가 쟁반에 우리나라의 빈대떡과 같은 음식을 들고 나와 순례자들을 기다리고 있었다. 앞서 가던 순례자들이 빈대떡을 받아먹는다. 우리 부부는 할머니께서 순례자들에게 빈대떡을 제공하고 약간의 기부금을 받는 것으로 착각했다. 우리는 빈대떡보다도 할머니의 순례자를 위하는 마음이 아름다워 센트Cents 동전을 여러 개 주머니에서 꺼내 주려고 했다. 하지만 할머니는 손사래를 치며 유로화貨를 요구한다. 할머니는 빈대떡을 순례자에게 먹여주고 최소 1유로의 돈을 받고 있었다. 이미 빈대떡을 먹은 순례자들은 어쩔 수 없이 1유로씩을 낼 수밖에 없었다. 우리는 씁쓸한 웃음을 지으며 할머니가 입에 넣어주려는 빈대떡을 받아먹지 않았다. 그리고 십여 미터 떨어진 바르에 들어가 비를 피했다. 우리 부부는 춥고 비가 내릴 때면 쉴 곳이 마땅하지 않아 무조건 마을 초입의 바르에서 쉬곤 한다. 처음 순례를 시작할 때는 길거리에 앉아서 쉬곤 했었다. 하지만 계절이 거꾸로 가는 듯 추운 날씨가 이어지자 바르로 들어가는 것 이외에는 별다른 선택이 없었다.

후덥지근한 날씨에 판초 우의를 쓰고 안개를 헤치며 걷는 것은 무척
이나 땀나는 일이다. 몸의 열기가 판초 우의로 인해 밖으로 배출되지 않
아 몸이 온통 땀으로 젖어들었다. 게다가 산촌의 길은 소똥으로 질펀하
여 까치걸음으로 걷는 일도 허다하고, 아울러 냄새와의 전쟁도 치러야
하니 에너지가 배로 소비된다. 산에서 내려가는 길에 산재해 있는 마을
은 구분하기가 어려웠다. 그냥 마을이거니 하고 집 사잇길을 지나간다.
비두에도_{Biduedo}라는 표지판이 없었다면 마을 이름조차 몰랐을 곳을 통
과했다. 가파른 경사를 따라 구름 위로 걸어가는 하늘길이 펼쳐졌다. 어
제 오 세브레이로로 올라가는 산등성이가 온통 단풍으로 물들어 있었다.
봄에 무슨 단풍이 들었는지 의아해했었다. 오늘 하늘길을 걸으면서야 그
이유를 알았다. 작년에 왕성했던 고사리류가 죽은 채로 쓰러져 있었다.
아직 새순이 고사리를 뚫고 올라오지 않아 낙엽빛깔 붉은색으로 남아있
었던 것이었다.

산 아래 아름다운 집들이 나타났다. 필로발_{Filloval}이라는 명칭과 그 곁

에 알베르게도 있었다. 그다음에도 파산테스_{Pasantes}라는 표기가 있었지만, 그 두 곳이 마을 이름인지 상호인지 아리송하다. 계속해서 고도를 낮춰 해발 600미터까지 내려가는 산길은 아름드리나무로 뒤덮여 있었다. 시도 때도 없이 비가 내린다는 갈리시아 지방이라서 이렇게 나무가 열대 우림처럼 울창하게 자랐는가 보다. 나무 사이로 제법 집들이 많이 모여 있는 마을다운 마을이 보였다. 드디어 오늘의 목적지가 될지도 모를 트리아카스테야_{Triacastela} 에 도착하는 순간이었다. 순례길 옆으로 한적하고 넓은 알베르게가 보였다. 마음 같아서는 그곳에서 쉬고 싶었다. 우리는 바르에서 순례자 메뉴로 점심을 먹었다. 다른 곳의 순례자 메뉴는 보통 9유로에서 10유로를 받았는데 이곳에서는 7유로밖에 안 한다. 중세 여관 주인, 상인, 주민들이 모두 합세하여 순례자들에게 사기를 치는 곳으로 유명했던 마을이었다는데 지금은 그때의 죄에 대해 속죄하고자 음식값도 적게 받고 순례자들에게 친절하게 대하는 것이 아닌지…….

트리아카스테야 마을로
들어가는 입구

산티아고 로만시아
성당

트리아카스테야에서 점심을 먹으면서 우리 부부는 수도원으로 이뤄진 사모스Samos까지 10여 킬로미터를 더 가기로 했다. 사모스의 수도원에서 미사를 드릴 때 그레고리안 성가를 부른다는 사실 때문에. 우리는 그레고리안 성가를 듣고 싶은 일념에 무리한 결정을 한 것이다. 마을을 가로질러 가다가 '산티아고 로만시아' 성당을 일부러 찾아갔다. 마침 순례길 왼쪽에 있어서 찾기 쉬웠다. 마을의 공동묘지가 성당 울타리 안에 빼곡히 들어차 있었다. 중세 사람들은 하느님의 성전에 묻히면 그만큼 하늘나라에 가까이 다가갈 수 있을 것으로 생각했는가 보다. 언제 건축되었는지 모르는 로마네스크 양식의 성당은 별다른 특징이 없었다.

마을 끝에서 오른쪽 길로 들어서면 산 실San Xil을 통해 사리아Sarria로 가는 코스이고, 왼쪽으로 꺾어지면 수도원 마을인 사모스를 거쳐 사리아로 가는 코스다. 그런데 사모스 코스는 산 실 코스보다 무려 5.5킬로미터 이상을 우회하는 길이다. 그래서 대부분의 순례자는 사모스 코스를 택하지 않는다. 하지만 우리는 가톨릭교도로서 수사들이 부르는 환상적인 그레고리안 성가를 듣겠다는 일념으로 우회로를 택했다.

딱딱한 아스팔트 길을 걸어 시냇물이 졸졸 흐르는 목가적인 마을로 진입했다. 안내책자에는 전혀 나와 있지 않은 마을이지만, 추측하건대 산 크리스토발San Cristobal de Real인 것 같았다. 졸졸 흐르는 오리비오 강을 지나 건넛마을을 관통하였다. 좁고 아름다운 오솔길과 그 곁의 돌담은 운치를 더해 주었다. 이 코스를 택하기 잘했다는 생각이 여러 번 들 정도로 울창한 수림지대가 마음에 들었다. 산티아고까지 걸어가는 갈리시아 지방의 카미노는 대부분 나무가 울창한 숲길이 많아 계절의 운치를 원 없이 즐길 수 있어 좋았다. 이곳이 그런 카미노의 시작이었다. 천년을 견뎌온 울창한 나무들, 저절로 삼림욕이 된다. 이 정도의 나무라면 해충이나 곰팡이에 저항하기 위해 엄청난 양의 피톤치드를 분비하리라. 피톤치드는 심폐기능을 강화하여 알레르기 같은 질환을 예방한다는데…… '카미노 데 산티아고'를 시작하기 전 알레르기 비염약을 지어 왔었지만, 한 번도 먹은 적이 없었다. 혹시 피톤치드Phytoncide의 덕이 아닐까? 좁은 숲길을 따라 쓰러져가는 폐가를 감상하며 걷는 재미가 쏠쏠했다. 우리는 이 아름다운 길을 걷는 동안 렌체Renche, 라스트레스Lastres, 프레이투세Freituxe 마을들을 지나왔다. 하지만 걷는 당시에는 마을 이름조차 몰랐다. 안내책자 없이 걸은 후 나중에 지도를 보고 대충 감으로 추측했기 때문이다.

대부분 마을은 공동묘지와 성당을 끼

산 마르티뇨 마을의
농가

고 있었다. 공원묘지 담에 집을 짓고 사는 사람들, 우리 같으면 무서울 텐데 그곳 사람들은 죽은 자와 산 자의 경계를 무너뜨린 듯 아무렇지 않게 더불어 살고 있었다. 산 마르티뇨San Martiño do Real도 마찬가지였다. 무수한 묘비가 있는 곳, 그 곁의 허름한 농가에서 한 농부가 걸어 나왔다. 사모스까지 얼마나 남았느냐고 물어보자 그는 단 1킬로미터 밖에 남지 않았다고 대답했다. 우리 부부와 독일 여인은 안도의 한숨을 쉬며 얼굴에 미소를 머금었다. 독일 여인은 적막한 산길을 홀로 걸어가다 우리와 합류했다. 사실 여자 혼자 아무도 없는 산길을 걷는다는 게 어디 쉬운 일인가. 그녀는 우리가 앞서거니 뒤서거니 걷고 있다는 사실이 위안이 되었다고 한다. 그런데 1킬로미터만 가면 된다는 사모스는 도무지 나오지 않는다. 피곤함에 찌든 독일 여인이 한마디 했다.

"여기서는 길을 물어보면 얼마가 남았든 상관없이 무조건 1킬로미터 남았다고 대답하는 것 같아요."

차도 아래의 원형 터널을 통과하면서 그녀는 몸이 찌그러들고 표정

이 일그러져 힘든 기색이 역력한데도 "순례길에서 어제 행복했고, 오늘
도 역시 행복하다"라고 말한다. 그렇다. 아무리 피곤하고 힘들지라도 신
에게 다가가는 순례의 여정을 몸으로 마음으로 기꺼이 받아들인다면 어
제도 행복하고 오늘도 행복할 것이다. 언덕의 정상, 허물어진 돌담 사이
로 '훌리안 이 바실리사 왕립수도원'의 웅장한 모습이 보이자 지금까지
의 모든 고통과 시련이 한꺼번에 날아가 버렸다. 독일 여인의 일그러진
표정도 금세 밝아졌다. 그리고 나에게 수도원을 배경으로 사진 한 장 찍
어달란다. 높은 산과 깊은 골짜기 사이 아름다운 숲에 자리 잡은 수도원,
구석구석이 닫혀있어 수직으로 쳐다보지 않으면 하늘의 별을 볼 수 없다

사모스의 수도원

는 말이 실감 났다. 중세 수사들이 은둔하며 신앙을 갈구하기에 최적의 장소였으리라. 수도원을 내려다보는 우리 마음은 이미 수사들이 부르는 그레고리안 성가를 듣고 있었다. 수사들의 기독교적 신앙심을 꼭 성가로 들어야만 알겠는가. 이걸로도 충분했다. 5.5킬로미터를 더 걷는 길이지만, 충분히 가치 있는 길이었다.

돌담을 따라 수도원까지 내려가는 길은 이제까지 즐겨온 자연의 풍광과는 또 다른 느낌이었다. 오늘은 소똥 냄새가 줄곧 우리를 따라다녔지만, 그래도 오감이 즐거운 날이었다. 중세 때부터 수사들이 그레고리안 성가를 부르며 미사를 드렸던 곳이라 많은 순례자가 그레고리안 성가를 들을 수 있는지 궁금해 했다. 진아·진수 남매도 그레고리안 성가를 들으려고 무리해서 이곳까지 왔다고 한다. 하지만 오스피탈레라의 말이 야릇했다. 독특한 억양의 영어를 쓰는 그녀는 그레고리안 성가를 듣기가 여간 어렵지 않다고 말한다. 유럽 등에서 온 다른 순례자들은 대부분이 성가를 듣기는 어려우나 여기서는 들을 수 있다고 해석하고 있었다. 그래서 내가 틀릴지도 모르지만, 다른 사람들에게 그녀의 영어 내용에 대해 설명했다. "요즘은 이곳에서도 그레고리안 성가를 듣는 것이 여간 어려운 게 아니다"란 말은 그레고리안 성가를 부르지 않는다는 뜻이라고. 처음에는 유럽 사람들이 모두 유창하게 영어를 쓰기에 영어에 정통한 줄 알았다. 하지만 나는 그들의 영어를 알아듣기가 힘들었다. 그래서 미국인, 캐나다인들과 얘기하면서 유럽인들의 영어를 얼마나 알아듣느냐는 질문을 해보았다. 대답은 놀랍게도 고작 30퍼센트 또는 40퍼센트라고 한다. 각자 억양이 다르고 표현방식이 다르다 보니 서로 단어 몇 마디로 의사소통을 하고 있었다는 얘기다. 그래서 "나는?" 하고 물으니 "100퍼센트"란다. 재미있다. 어찌 됐든 그날 밤 미사에 참례한 순례자들은 그레고리안 성가를 듣지 못했다.

그날 밤 우리 부부는 모처럼 만난 지은이와 함께 식사했다. 지은이는 며칠 동안 한국인을 만나지 못했다고 한다. 그냥 걷다 보니 사모스에 왔는데 아는 사람이 없어 외롭고 무서웠다고 했다. 그녀는 평소 안면이 있던 안토니오 할아버지를 만나자 매우 감격했는데, 우리 부부를 다시 만나니 눈물이 핑 돌았다는 것이다. 내 딸과 동갑내기인 그녀의 카미노 홀로서기가 대견스럽다.

에스파냐에 파견된
십자군

에스파냐에 파견된 십자군

　　높은 산과 빽빽이 들어찬 나무들, 계곡 사이로 시냇물
이 흘러가는 한적한 시골 길이 그냥 예전의 모습을 간직했으면 좋았으련
만, 현대문명의 이기를 그대로 전수받은 듯 아스팔트로 포장되어 신비로
움을 반감시키고 있다. 이제 호젓한 산길이 나왔으면 좋겠다는 생각을
하자 울창한 원시림 지대가 우리를 기다리고 있었다. 간혹 눈에 띄는 집
조차도 안개와 나무에 묻혀 온전한 형태를 드러내지 않는다. 산등성이
길의 여유로움, 이보다 더 아름다운 순례길이 어디 있으랴! 세상의 모든
정경을 다 이곳에 모아놓은 듯 낭만이 가득하다. 습기 가득한 공기가 오
히려 상쾌하고 시원하게 느껴진다.

사리아로 향하는 울창한 숲길

흐린 날씨가 걷히자 하늘은 온통 파란 물감으로 칠해 놓은 화판으로 변했다. 시골 길의 야생화도 산들바람에 고개를 끄덕이며 우리를 배웅하고 있었다. 간간이 등장하는 시골집들은 견고한 돌로 축조되어 중세의 향기를 풍기지만, 여전히 계속되는 소똥 냄새가 옥에 티다. 시간이 흐를수록 점차 태양의 열기가 느껴졌다. 우리는 아직 밭갈이가 끝나지 않은 농지 가장자리에 앉아 휴식을 취하며 이야기꽃을 피웠다. 그리고 가끔 '카톡'으로 대화를 주고받던 이기수 신부님의 '카톡' 내용을 읽어보려 했다. 하지만 이곳은 와이파이가 되지 않는다.

가톨릭 성지순례를 간다고 했을 때 이기수 신부님께서 우리 부부를 불렀다. 그리고 우리 부부 머리에 손을 얹어 강복降福해주셨다. 그 덕으로 아무런 사고 없이 '카미노 데 산티아고' 여정을 잘 소화하고 있는지 모른다. 우리 부부는 신부님과 함께 카미노를 걸었더라면 좋았을 텐데 신부님께서 40여 일의 휴가를 받을 수 없었다는 사실에 아쉬워했다. 그래서 우리는 다음 해 포르투갈에서 시작되는 '카미노 포르투게스Camino Portuguese' 루트 중 20여 일에 주파할 수 있는 거리만 신부님을 모시고 순례길을 걷자는 데 의견일치를 보았다. 20일 정도면 휴가가 가능할 것이다. 포르투갈 얘기가 나오자 아내가 "그런데 이베리아 반도 넓은 곳 귀퉁이에 포르투갈이라는 나라가 왜 들어선 거야?"라고 묻는다.

에스파냐의 '국토회복 전쟁'은 이슬람 세력으로부터 유럽의 가톨릭 세계를 안전하게 지켜내는 최후의 보루였다. 특히 9세기 초 발견된 성 야고보의 유골은 옛 가톨릭 왕국의 영지를 회복해야 한다는 신앙적 지주로 작용하게 된다. 이러한 사실은 교황 우르바누스 2세 Urbanus II의 호소에 의해 결성된 십자군이 1099년 예루살렘 성지를 회복한 것과도 맥을 같이하는 것이었다. 그래서 에스파냐의 가톨릭 왕국은 십자군 전쟁 때에도 중동에 군대를 보내지 않았다. 오히려 교황의 십자군을 지원받기까지 하였다. 에스파냐에서의 '국토회복 전쟁'은 곧 유럽에서의 십자군 전쟁이라고 믿었기 때문이었다.

알폰소 6세는 북아프리카의 신흥세력인 알모라비데 족이 이베리아 반도의 이슬람 세력을 지원하기 위해 재침공해 오자 엘 시드를 불러들이는 한편, 교황 우르바누스 2세에게 도움을 청했다. 교황은 십자군을 이베리아 반도에도 파견했다. 이때 이베리아 반도에 파견된 십자군 중에서 프랑스 귀족출신인 라이문도와 엔리케가 무어인들과의 전투에서 가장 뛰어난 무공을 세웠다. 알폰소 6세는 라이문도를 자신의 딸 우라카와 결혼시켜 갈리시아 백작령을 다스리도록 했다. 나중에 우라카는 부왕의 뒤를 이어 카스티야·레온 왕국의 여왕으로 등극한다.

또한 엔리케Henrique도 알폰소 6세의 서녀인 테레사와 결혼하여 포르투갈 백작령을 관할하게 되었다. 프랑스 부르고뉴 지방의 귀족으로 십자군 전쟁에 참여했던 엔리케는 1095년 테레사와 결혼한 후 그곳에 눌러앉아 포르투갈 백작령 지배에 전념하였다. 이것이 에스파냐로부터 포르투갈이 분리되는 계기가 되었다. 1112년 엔리케가 사망하자 그의 아들 아폰수 엔리케Afonso Henrique가 성인이 될 때까지 어머니인 테레사가 섭정하였다. 1128년 아폰수 엔리케는 어머니에 맞서 반란을 일으켜 승리한 데 이어, 1139년 오리케 전투에서 이슬람 세력을 대파하고 스스로 왕위에 올라 아폰수 1세Afonso I가 되었다. 1179년 교황청은 무어인들과의 성전聖戰을 인정하여 포르투갈이 독립왕국이라는 사실을 승인하였다. 결론적으로 포르투갈은 교황 우르바누스 2세의 십자군 운동으로 인해 태동한 셈이다.

사모스를 떠나 온 후부터 마을 경계가 묘했다. 이전까지는 마을과 마을의 구분이 확연했었다. 하지만 갈리시아 지방에 들어선 이래 울창한 숲길이 이어지는 가운데 간혹 나타나는 집들이 어느 마을에 속했는지 알수가 없었다. 그저 천 년 넘게 이어져 온 순례길 주변에 들어선 고풍스러운 집들을 스쳐 갔을 따름이다. 우리 부부는 이따금 만나는 순례자들과 "올라!"라고 인사하며 안부를 물었다. 자신도 모르게 앞서고 뒤서기를 반복하는 순례자들, 인생의 여정에 비유되는 순례길이 점차 버거워질 때쯤 반가운 표지판이 나타났다. 전방 100미터에 바르가 있다는 사실을 고지해 주고 있다. 하지만 바르는 없었다. 단지 수리 중인 점포만 하나 있을 뿐. 제대로 쉬고 싶었는데 마냥 걸어가자니 다리가 무거워진다. 어느 순례자는 사모스에서 상당한 거리를 걸어오는 동안 바르가 하나도 없어 아침도 못 먹었다고 투덜거린다. 이 정도 거리이면 바르가 하나 있을 법도 한데 에스파냐 사람들은 도무지 돈 버는 방법을 모른다.

다시 얼마를 걸었을까? 산 마메데San Mamede라는 마을 표지판이 보이고, 그곳에 깨끗한 알베르게가 순례자들을 부르고 있었다. 그냥 들어가

쉬고 싶다. 하지만 걸어야 한다는 의무감에 젖어 꾸준히 발을 옮기지만 다리가 쑤시고 발목이 아파오는 데는 장사가 따로 없다. 사리아에 본격 진입하기 전 어느 순례자가 잔디밭 위에 길게 드러누워 시에스타를 즐기고 있었다. 얼마나 피곤했으면……. 하지만 그가 부러웠다. 고작 14킬로미터 정도를 걸었을 뿐인데도 피로감이 누적된다. 사리아 초입은 그저 평범한 도시의 분위기와 별반 다름없었다. 이미 정오를 넘긴 지 오래 전, 바르에 들어가 배부른 점심을 즐겼다. 피로가 풀리고 발의 통증도 가시는 듯했다. 현대식 건물만 즐비한 줄 알았던 사리아는 중세의 아름다운 건물도 간직하고 있었다. 층층 계단을 오르자 좁은 순례길 주위로 중세풍의 집들이 가득 들어차 있었다. 순례길 주변이 고풍스러워야 걷는 재미가 난다. 사리아 언덕 위 막달레나 수도원과 그 앞의 공동묘지를 끼고 가파른 내리막길이 펼쳐졌다. 오래된 중세의 돌다리를 건너 철길을 따라 다시 울창한 수림지대로 걸어갔다.

본격적인 오르막이 시작되는 나무 터널 속을 지나려는데 어떤 청년 하나가 고목 구멍에 음료수를 올려놓고 팔고 있었다. 아이스박스나 냉장고도 없이 그냥 노상에 펼쳐놓았던 콜라를 한 순례자가 고개까지 젖혀가며 벌컥벌컥 들이킨다. 얼마나 갈증이 났으면 저렇게 미지근한 콜라를……. 청년과 눈이 마주치자 손을 들어 인사하고 그곳을 벗어났다. 가까스로 고도를 높여 언덕의 정상에 오르자 그때야 갈증이 난다.

"음료수를 팔려거든 언덕 마루에서 팔 것이지……."

카스티야·레온 왕국의 여왕 우라카가 태어났다는 곡물저장고 오레오를 바르바델로 마을에서 처음 보았다. 거대한 바위로 기둥을 세우고 그 위에 돌 판을 얹어 평평하게 한 다음 구멍이 숭숭 뚫린 벽돌 등으로 조그마한 창고를 만들어 놓았다. 뜨거운 태양 열기로 곡식을 건조하며 바람이 구멍을 통해 습기를 제거할 수 있도록 설계된 오레오는 신기한 조형물이었다.

편의시설이 전혀 없는 마을들을 지나갔다. 원래 유럽 스타일의 건축물을 좋아하는 나로서는 마을의 돌집들을 감상하는 것으로도 만족스러웠다. 하지만 우리가 목표로 삼은 페레이로스Ferreiros 마을은 좀처럼 나타나지 않는다. 시원한 풍광이 펼쳐지는 언덕의 한적한 곳에 바르를 겸한 알베르게가 너무 멋있어 보인다. 모르가데Morgade의 알베르게였다. 그곳에 묵고 싶었으나 아내가 말린다. 소똥 냄새가 진동한다는 것이다. 바르의 주인에게 페레이로스가 얼마나 남았는지를 물어보았다. 앞으로 1킬로미터만 더 가면 된다는 것이다. 이곳 사람들은 그리 멀지 않은 곳은 무조건 1킬로미터가 남았다고 대답하는 것을 익히 알고 있던 지라 최대 2킬로미터 이내에 목적지가 있을 것으로 예상하고 다시 발걸음을 재촉했다.

시원한 물이 흘러내리는 길을 걸어갔다. 샘물이 솟아나와 질펀해지기 쉬운 길 한쪽에 아예 수로를 만들어 물 빠짐이 좋도록 만들어 놓은 지혜가 돋보였다. 마을 같지도 않은 삼거리에 카페테리아가 있었다. 우리

는 카페테리아를 끼고 왼쪽으로 돌아내려 가 시립 알베르게로 들어갔다. 안내책자의 사진에는 페레이로스가 제법 큰 마을처럼 보였다. 하지만 알베르게 주변을 아무리 둘러봐도 마을이라고는 찾아볼 수 없었다. 어제 세탁한 옷가지가 아직도 마르지 않았다. 어제의 축축한 옷과 오늘 땀에 젖은 옷을 모아 한꺼번에 손빨래했다. 시원한 바람이 솔솔 불어오고 있었다.

산타 마리아 성당은 알베르게에서 200여 미터 떨어진 순례길 옆에 있었다. 온통 석관들로 둘러싸인 성당은 차라리 공동묘지라고 해야 하지 않을까 싶었다. 다른 마을에 있던 성당의 돌을 하나씩 옮겨지었다고 하는데 요즘은 미사도 열리지 않는 조그만 성당으로 전락해 버린 것 같아 아쉬웠다.

그날 밤 알베르게의 휴게실에 오스피탈레라와 그의 남편인 듯한 사람과 마주 앉았다. 그때까지만 해도 오레오의 용도를 몰랐었다. 나는 그들과 대화를 시도했다. 영어를 전혀 하지 못하는 그들과의 대화는 필답 형식으로 이뤄졌다. 먼저 오레오의 이름을 알기 위해 그림을 그려 보여 줬다. 답변은 곡물 저장고 "오레오"였다. 다시 오레오의 용도를 묻고 싶었지만, 단어가 생각나지 않는다. 기억의 창고를 뒤지고 뒤져 가까스로 오레오의 용도를 묻자 "Secar el Maiz세까르 엘 마이스!"라고 적어준다.

"아하! 옥수수를 건조하는 곳이었구나!"

나무십자가에 걸쳐놓은
순례자들의 각종 용구

카스트로마이오르
Castromaior
곤사르
Gonzar
오스피탈 알토 다 크루스
Hospital Alto da Cruz
포르토마린
Portomarin
메르카도이로
Mercadoiro
미라요스
Mirallos
Pol
페레이로스
Ferreiros
Paradela
5.11(토)
순례 30일차
페레이로스
1km
미라요스
5km
포르토마린
7.5km
3km
메르카도이로
곤사르
2.5km
카스트로마이오르
1km
오스피탈 알토 다 크루스
∴20km
깨끗한
그리고 더러운
무인판매대

깨끗한
그리고 더러운 무인판매대

중세의 신앙은 곧 구원이자 생명이었다. 그렇기
에 성당의 돌을 하나씩 옮겨 그대로 여기에 재현할 수 있었다. 성
당을 지나쳐 간다. 어느덧 페레이로스를 벗어났다. 산 아래 걸쳐
있는 구름 위로 아름다운 마을이 한가로움을 드러내고 있다. 예
전과 달리 여유로운 걸음걸이로 주변 풍경을 즐겼다. 산티아고
입성까지 하루에 20킬로미터 정도만 걸으면 되기 때문이다. 점차
안개 자욱한 숲으로 들어갔다. 증기 방울들이 허공을 떠다니며
햇빛에 반사되어 하얗게 빛났다. 얼굴에 닿는 안개의 감촉이 차
가웠다. 우리 부부는 사실 안갯속을 걷는 게 아니라 구름을 헤치
며 나가는 중이었다. 한적한 숲길을 따라 고도를 한참 낮춘 다음
에야 우리는 구름 아래로 내려올 수 있었다.

순례길에서 내려다보이는 산 아래
구름이 떠다닌다.

미라요스_{Mirallos} 마을에 들어서자 한 농
가 앞에 깨끗한 과일이 놓여 있고 그 곁에
돈을 놓아두는 그릇이 있었다. 아내는 아침
식사 대용으로 사과와 바나나를 집어 들고

과일 무인판매대 앞의
캐나다 여인

그릇에 돈을 넣었다. 무인판매기나 다름없다. 그때 40대 캐나다 여인이
우리를 보고 자신도 과일을 가져간단다. 주머니에서 동전을 꺼내는 그녀
를 향해 카메라를 들이대자 환하게 웃어준다. 그녀의 남편은 캐나다의
한 대학에서 환경 대체 에너지학을 가르친다고 한다. 환경공학을 전공
했다는 나의 말에 그녀는 태양에너지에 대해 거창하게 설명했다. 그녀는
친환경적인 에너지를 생산해야 앞으로 국민이 잘살 수 있다며 환경이 세
계 경제를 좌우할 날이 머지않았다고 말했다.

메르카도이로_{Mercadoiro}의 허름한 농가에 사는 어느 할머니가 집 밖으
로 나와 뜨거운 물이 담긴 커피포트와 컵을 내놓고 들어갔다. 우리 부부
는 커피를 마실 마땅한 바르가 없던 터라 그곳에 앉아 커피 한 잔씩 마시
려고 했다. 하지만 제대로 씻지 않은 더러운 컵에 개미가 잔뜩 붙어 있어
커피 마시는 것을 포기하고 말았다. 그래도 푼돈이라도 벌어보겠다는 할
머니의 정성을 생각해 20센트 동전을 그릇에 담아놓고 낱개로 비닐포장
이 된 비스킷을 하나 집어 든 다음 슬그머니 자리를 털고 일어섰다.

지금까지 걸어왔던 나바라, 라 리오하, 카스티야·레온 지방은 마을과
마을이 명확하였고 순례길은 오래된 가옥이 즐비한 중심도로를 관통하
게 돼 있었다. 하지만 갈리시아 지방에 들어온 이후부터는 집들이 흩어

져 있어 마을 경계가 명확하지 않을뿐더러 순례길이 마을 중심을 관통하지 않는 경우가 허다했다. 어쩌다 마을이 나온다 쳐도 집 예닐곱 채가 고작이다. 이정표나 마을 표지판조차 제대로 갖춰져 있지 않아 우리가 어느 마을을 지나가는지 알기도 어려웠다. 반면 포르토마린Portomarín은 비교적 큰 도시라 쉽게 알 수 있었다.

로마인들이 미뇨 강에 다리를 건설하면서부터 전략적으로 중요한 도시였던 포르토마린은 근대화의 물결에 따라 1966년 대형 저수지가 들어서 수몰되어 버렸다. 지금의 도시는 그 위에 새로 만들어졌다. 미뇨 강

포르토마린 입구

위를 가로지르는 다리의 인도 폭이 좁아 자칫 강으로 추락할 수도 있을 것 같다는 생각이 들었다. 교량을 통과하자 중세의 향기가 가득한 좁고 높은 계단으로 이뤄진 문이 우리를 기다렸다. 높은 계단 정상에 올라서서 바라보는 미뇨 강의 풍경은 지극히 아름다웠다. 포르토마린으로 들어선 순간 사기를 당한 기분이 들었다. 삼거리의 도로 세 곳 땅바닥에 노란 화살표가 모두 각기 다른 방향으로 그려져 있다. 우측이 도시 중심부로 향하는 것 같아 그쪽으로 갔는데 순례길은 도시 중심도로를 통과하지 않는단다. 도시 입구에 들어서자마자 바로 좌측으로 빠져나가야 하는데 순례자들이 도시로 들어오도록 누군가 장난을 친 것 같았다. 마을 입구에서 왼쪽으로 크게 돌아 마치 원점으로 되돌아가는 것 같은 코스였다. 미뇨 강 지류인 토레스 강을 건너가던 순례자들이 어이없다는 듯 뒤를 돌아보며 허탈한 웃음을 짓는다.

다시 고도를 높이는 길이 우리를 기다리고 있었다. 하지만 전혀 힘들다거나 두렵지 않았다. 처음 피레네 산맥을 넘을 때처럼 급격한 경사가 아니기 때문이다. 그리고 30여 일을 걷는 동안 어느 정도 단련된 다리가 그 정도는 가소롭다는 듯이 술술 걸어간다. 무려 300미터를 꾸준히 고도를 높이며 올라갔다. 지나치는 집 주변에 오레오들이 군데군데 눈에 띄지만, 순례자들은 속도의 중압감을 극복하지 못해 주변을 둘러보는 여유를 갖지 못한다. 어젯밤 오레오의 용도를 확실히 알게 된 이후 실제로 오레오 안에 무엇이 들었는지 확인하고 싶었다. 하지만 나 역시 조급함의 중압감 때문에 남의 집 대문을 두드려 확인하지 못하고 그냥 걸어갔다. 곤사르_{Gonzar} 입구에 바르와 알베르게가 있지만, 마을은 보이지 않는다. 아내는 축사와 멀리 떨어져 소똥 냄새가 나지 않는 알베르게가 있으면 좋겠다고 말했다. 곤사르를 지나 1킬로미터쯤 가자 카스트로마이오르_{Castromaior}가 나타났다. 우리는 그곳 바르에 들어가 커피 한 잔으로 에너지를 보충했다. 하지만 이곳 역시 소똥 냄새가 진동한다. 주인아주머니에게 얼마만큼 더 가야 알베르게가 있느냐고 물어보자 앞으로 3킬로미터를 더 가야 한다고 대답했다.

배가 따뜻하니 발걸음이 경쾌해진다. 시골 길과 아스팔트 길을 번갈아 걷다 카페테리아와 바르를 겸하고 있는 집을 발견했다. 그곳에서 오른쪽으로 순례길이 휘어진다. 우리는 오른쪽 순례길로 가지 않고 30미터 정도를 더 직진하여 시립 알베르게_{6유로, 세탁 4.4유로}로 들어갔다. 1층은 간단한 식당과 샤워장으로 돼 있고 2층은 전부 침대가 놓여 있었다. 이곳이 오스피탈 알토 다 크루스_{Hospital Alto da Cruz} 마을이라는데 카페테리아와 알베르게를 겸한 건물과 알베르게 한 채가 마을의 전부다. 주민이 없으니 소똥 냄새나는 축사도 없는 것 같았다. 알베르게에는 서너 명의 순례자들이 우리보다 먼저 와 있었다. 넓은 알베르게의 침대는 너무 많이 비어 있었다. 우리 부부는 샤워장과 침실을 전세 낸 듯 사용하였다. 나중에 한 무리의 할머니 순례자들이 미니버스를 타고 들이닥치기 전까지.

'오스피탈 알토 다 크루스'의
시립 알베르게 내부 침실

유럽의 칠팔순 노인들은 무거운 배낭을 지고 스스로 800여 킬로미터를 걸어가는 머나먼 여행길에 오른다. 우리네 팔순 노인들에게 이처럼 먼 거리를 도보로 여행하라면 어떻게 받아들일까? 하지만 이곳 순례길에서 만난 노인들은 집에서 쉬면서 여생을 보내느니, 걷다 잘못되는 일이 있더라도 인생의 모험을 해보는 것이 더 보람 있는 일이라고 말한다. 우리나라의 노인들도 그저 편하게 시간을 보내는 것보다는 인생 후반기에 도전적인 모험을 해 볼 필요도 있을 것이라는 생각이 들었다.

기다리지 않고 샤워하는 즐거움, 빨래를 마친 후 갖는 여유로움이 우리 부부를 행복하게 만들었다. 너무 사소한 일처럼 보이지만 순례길에서의 기쁨은 매우 크다. 우리는 저녁 식사를 할 때까지 카페테리아에 앉아 생맥주를 마시며 여유를 부렸다.

아이레세 마을 초입의 십자가

Toques
멜리데
Melide
Serra do
Careón
포르토스
Portos
아이레세
Airexe
팔라스 데 레이
Palas de Rei
레스테도
Lestedo
Guntin
레보레이로
Leboreiro
벤타스 데 나론
Ventas de Narón
산티소
Santiso
오 코토
O Coto
카사노바
Casanova
리곤데
Ligonde
산 훌리안
San Xúlian
오스피탈 알토 다 크루스
Hospital Alto da Cruz
5.12(일)
순례 31일차
오스피탈 알토
다 크루스
1km
벤타스 데
나론
1.5km
아이레세
2km
3.5km
리곤데
포르토스
1km
레보레이로
멜리데
∴ 28.5km
레스테도
6km
1km
오 코토
4km
2.5km
3km
팔라스
데 레이
카사노바
산 훌리안
3km
서고트 왕국의
패망원인을
회상하다

서고트 왕국의
패망원인을 회상하다

　　산티아고까지 78.1킬로미터가 남았다는 이정표를 보았
다. 어젯밤 우리가 묵었던 알베르게가 이정표의 배경인 양 뒤편으로 잔
잔하게 보였다. 에스파냐어를 쓰는 나라는 숫자의 단위를 나타낼 때 영
어권 국가들과 사뭇 다르다. 천 단위를 표시할 때 콤마comma(,)를 쓰지 않
고 마침표period '.'를 쓴다. 또한, 소수점의 경우 마침표(.) 대신에 콤마(,)
를 쓴다. 예를 들면 '€2.300'은 2천 300유로라는 뜻이고, '3,140'은 우리
의 3.14에 해당한다. 그러니 이정표에도 산티아고까지의 거리가 78.1km
가 아닌 78,1km로 표기되어 있는 것이 에스파냐어 권에서는 당연하다.

　　전원의 목우촌 벤타스 데 나론Ventas de Narón을 지나 리곤데Ligonde로
향하는 길은 안개 자욱한 해발 700미터의 호젓한 길이다. 해가 떠올라야
안개도 걷히고 기온도 올라갈 텐데 오늘따라 태양이 늑장을 부린다. 이

산티아고까지 78.1km가
남았다는 이정표

리곤데 마을 초입의
십자가상

번 순례 중 최대의 실수는 추위에 대비하지 않아 방한복과 두꺼운 장갑을 준비하지 않았다는 것이다. 얇은 장갑은 끼나 마나 손이 시리다. 버프로 얼굴을 싸매고 산중 길을 걸었다. 떡갈나무 울창한 리곤데 마을의 초입에 세워진 십자가 상, 무려 400여 년의 풍상을 견뎌왔다. 이 십자가 상이 얼마나 유명한지는 알 길이 없으나 다음 마을과 그 다음 마을에도 이 십자가 상의 사진이 걸려 있었다. 날이 갈수록 무릎은 하중에 민감하고 육체의 피로감은 가중된다. 이럴 때쯤 유혹이 따르기 마련이다. 수개월 혹은 수년을 걸어왔던 중세 순례자들도 우리보다 더 힘들었으면 힘들었지 덜 하지는 않았을 것이다. 이러한 순례자들을 교묘히 유혹했던 매춘부들이 리곤데 마을을 중심으로 돈벌이를 했다고 한다. 신께서 순례

카페테리아 겸 알베르게

의 마지막 여정에 최대의 시험을 한 것이리라. 번창했던 중세의 홍등가는 사라졌으나 옛날 옛적의 돌들로 쌓아올린 담벼락들은 운치를 더해 준다. 중세와 달리 순례객을 위한 편의시설이 전혀 없는 것으로 단정 짓고 마을을 벗어나려는데 카페테리아와 알베르게를 겸한 고풍스러운 농가가 나타났다. 문은 닫혀 있었지만, 세계 각국의 언어로 프리 허그Free Hugs를 나타내는 글들이 쓰여 있다. "안아주세요"라는 우리나라 말도 보인다. 아마도 '프리 허그' 퍼포먼스가 있었나 보다. 하지만 카미노의 순례자들은 굳이 프리 허그 퍼포먼스가 없더라도 서로 반갑게 껴안는다.

오늘의 카미노는 유난히 나무들이 울창하여 원시적이고 고요했다. 아스팔트 길옆의 순례길조차도 차가 거의 다니지 않는 시골 길이라서 한적하기 그지없다. 맑은 공기를 가슴 가득 들이마시며 아름다운 공간들로 이어진 오솔길의 정취를 소리 없이 즐겼다. 계속 고도를 낮춰가지만, 경사가 워낙 완만하여 우리는 평지를 걷고 또 걷는 기분이었다.

포르토스_{Portos}나 아니면 레스테도_{Lestedo} 마을에 이르렀을 때쯤이었다. 남의 집 안뜰에 지금껏 봐 왔던 것과 사뭇 다른 형태의 엉성한 오레오가 보인다. 잔 나뭇가지로 얼기설기 엮어 원통형으로 만든 구조물은 카베세이로_{Cabeceiro}라고 부르는 '가난한 자들의 오레오'란다. 견고한 돌로 만들지 않아 부실해 보이는 가난한 자의 오레오는 레보레이로_{Leboreiro}의 성당 앞에 남아 있는 것을 제외하고는 없어졌다고 한다. 개들이 나를 향해 마구 짖어댄다. 담이 없는 남의 집 안쪽으로 들어간 지라 서둘러 나왔다.

시골 마을, 그것도 몇 채의 집들이 전부인 마을을 지나오다 갑자기 도시를 만나자 감회가 새로워졌다. 서고트의 왕 위티사_{Witiza}가 그의 부왕 에히카의 치세 동안 갈리시아 총독을 맡아 체류했던 마을이다. 그가 왕이 되자 이곳은 왕의 궁전이 있었다는 의미의 팔라스 데 레이_{Palas de Rei}가 되었다.

위티사의 죽음으로 무어인들이 에스파냐를 침공하는 계기가 되었다. 당시에는 왕위 세습제가 확립되지 않은 시기였다. 위티사가 죽자 로드리고가 왕위를 찬탈한다. 그때 위티사의 아들 아킬라를 왕으로 옹립하려는 세력들이 북아프리카의 무어인들에게 원조를 요청했다. 이것이 북아프리카의 이슬람 세력이 이베리아 반도를 침입하는 원인이 되었다.

이때 지브롤터 해협의 길목인 세우타 지역의 총독이 길을 막고 있어 북아프리카 세력이 쉽게 이베리아 반도로 진입할 수 없는 실정이었다. 이에 앞서 세우타의 총독 훌리안Julián은 자신의 딸을 서고트 왕국의 수도 톨레도로 유학을 보내 궁정교육을 시키고 있었다. 그러나 위티사 사망 이후 왕위를 찬탈한 로드리고가 타호 강가에서 목욕하고 있던 세우타 총독의 딸 플로린다를 강간하여 임신시킨 이후 사태는 급변하였다. 세우타 총독 훌리안은 로드리고를 살해하여 가문의 명예를 회복하려 했다. 그는 선왕 위티사의 맏아들 아킬라 대공 등과 연합하여 반역을 시도했다. 서기 711년 북아프리카의 무어인들로 구성된 아랍의 군대는 훌리안 총독이 지브롤터 해협으로 통하는 길을 열어주자 손쉽게 이베리아 반도로 들어갈 수 있었다. 서고트 최후의 왕 로드리고는 구아달레테Guadalete 강 유역에서 무어인들과 최후의 결전을 벌였으나 패배하였다. 구아달레테 강 전투 패배로 가톨릭계 서고트 왕국은 멸망하게 된다. 무어인들은 이베리아 반도 침공 7년 만에 북부 산악지대를 제외한 대부분 지역을 점령해 버렸다.

이때 구아달레테 강 전투에서 가까스로 살아남은 펠라요는 이베리아 반도 북부의 험악한 산악지대로 피신하였다. '국토회복 전쟁'의 시조가 된 펠라요는 서기 718년 아스투리아스 왕국을 세웠다. 그리고 722년 코바동가Covadonga라고 불리는 산속의 동굴에 은신하며 무어인들과의 전투에서 승리하였다. 코바동가 전투 승리에는 험악한 지형과 세찬 폭우가 한 몫을 차지했다. 이후 자신감을 얻은 아스투리아스 왕국은 옛 땅을 되찾기 위한 재정복 활동을

전개한다. 이를 레콘키스타_{국토회복 전쟁}라 부른다. '국토회복 전쟁'
은 722년 코바동가 전투 승리부터 알람브라 궁전을 함락한 1492년
까지 약 770년에 걸쳐 벌어진 재정복_{Re-conquest} 전쟁을 의미한다.

오늘은 주일이라 얼른 성당에 들러 일요 미사를 봐야 했다. 순례길 옆에 있는 성당으로 들어가 우선 간단한 기도를 하였다. 약간의 유로화를 기부하고 미사 시간을 물어봤다. 12시 30분에 시작된다고 한다. 아직 시간이 많이 남아 다음 마을의 성당에서 미사를 드리기로 하고 종종걸음으로 걷기 시작했다. 산 훌리안_{San Xulián}에 이르기까지 집들이 있는 곳에는 반드시 오레오가 있었다. 마치 오레오 박물관을 지나가는 듯하였다. 산 훌리안의 아름답고 소박한 성당, 시간도 적당하여 미사를 드리기에 적합할 것 같았다. 하지만 공원묘지를 곁에 두고 있는 성당의 문은 열릴 기미가 보이지 않았다. 문 앞에 잡초가 듬성듬성 나 있는 것을 보니 사람이 별로 출입하지 않은 것이 분명하다. 바르와 카페도 있었지만, 우리는 점심도 거른 채 발길을 재촉했다. 다음 마을인 카사노바_{Casanova}의 성당을 찾아가기 위해서였다. 어젯밤 토요 미사로 일요 미사를 대체하지 못해 마음이 편치 않았기 때문이었다. 카사노바는 더 실망감을 안겨줬다. 성당은커녕 집 한두 채와 알베르게만 달랑 길가에 있었다. 오후 1시가 되어서야 문을 여는 알베르게 앞에서 순례자 서너 명이 오스피탈레라가 오기를 기다리며 앉아 있다. 우리 부부도 오늘 미사를 포기했다. 어쩔 수 없지 않은가. 그나마 위안을 삼은 것은

팔라스 데 레이 초입의
성당

성체성사를 참례하지는 못했지만, 그래도 오늘 '팔라스 데 레이'마을 초입의 성당에 들러 간단한 기도를 했다는 사실이었다.

숲으로 둘러싸인 길을 쉬엄쉬엄 걸어가며 새소리에 귀 기울이며 방목된 말들도 쳐다보며 시골 길의 운치를 만끽했다. 오 코토_{O Coto}의 바르에서 콜라로 목을 축이고 오늘 우리의 종착지인 레보레이로가 얼마나 남았는지를 물었다. 그러나 대답은 충격적이었다. 알베르게가 문을 닫았다는 것이다. 안내책자에는 알베르게가 두 곳이나 있는데…….

평소 로마의 토목기술과 건축술에 깊은 관심을 두고 있었는데도 불구하고 거리에 대한 중압감 때문에 레보레이로를 통과하는 로마가도를 둘러볼 생각도 하지 않았다. 레보레이로 마을을 지나가는 길 한쪽에 움

산티아고
순례 길

직이지 않는 성모상이 있다는 '산타 마리아 데 라스 니에베스' 성당이 있었다. 성당 자리는 원래 샘물이 솟아나는 곳이었다고 한다. 그런데 그 샘터에서 밤이면 신비로운 빛이 퍼져 나왔다는 것이다. 사람들이 이상히 여겨 샘터를 파보자 성모상이 발견되었고, 그 성모상을 마을의 성당으로 수차례 옮겼는데 자고 나면 성모상이 원래의 자리로 되돌아가곤 했다고 한다. 사람들은 성모상 옮기기를 포기하고 그곳 샘터에 성당을 지었는데 지금도 그 성모상이 성당의 제단 뒤에 움직이지 않고 모셔져 있단다. 그 성당의 문을 손으로 힘껏 밀어봤으나 끄떡도 않는다. 성당 문이 열려 있으리라고 기대하지도 않았지만, 그래도 문을 열어놓았으면 좋았을 텐데. 그동안 아내는 문이 열

샘터의 기적이 일어난
산타 마리아 데 라스 니에바스 성당과
그 앞에 가난한 자들의 오레오라는
카베세이로의 모습

린 성당이 있으면 꼭 들어가 기부함에 돈을 넣고 촛불을 밝혀 기원하곤 했었다. 성당 앞에는 가난한 자들의 오레오라는 '카베세이로'가 덩그러니 자리를 지키고 있다.

숲길 시냇가에 조그만 아치형 다리가 중세의 모습을 온전히 보여주고 있었다. 그런데 오솔길을 걷던 아내가 갑자기 어지럽다며 길가에 주저앉아 버린다. 휴식을 취했는데도 아내의 현기증은 가시지 않았다. 멜리데Melide로 들어가는 길은 커다란 중세 교량을 통과하게 되어 있었다. 중세 기사들이 말을 타고 지나갔던 다리라 조금 시간을 갖고 감상하고 싶었지만, 아내가 너무도 힘들어한다. 아내는 스틱을 나에게 내밀고, 나는 스틱의 끝을 잡고 아내를 이끌었다. 아내는 눈을 감고 내가 이끄는 대

멜리데로 들어가는 중세의 다리

로 따라온다. 중세 교량을 건너 중세풍의 집들을 통과했는데도 알베르게가 나오지 않는다. 중세마을을 지나 거의 1킬로미터를 걸었나 보다. 현대식 건물 사이를 비집고 나아갔다. 묻고 물어 시립 알베르게6유로를 찾았다. 깨끗하게 단장된 알베르게에서 휴식을 취하며 원기를 충전했다. 하루에 20킬로미터 정도만 걷기로 했는데 목표로 정했던 알베르게가 폐쇄되어 훨씬 더 걸었다. 순례가 좋은 점은 아무리 피곤하고 힘들어도 잠깐 쓰러졌다 일어나면 회복된다는 것이다.

식사를 하려고 문어요리 전문점을 찾아가는데 알레산드로 대왕이 나를 부른다. 사설 알베르게 베란다에 여자 친구와 함께 서서 손을 흔들고 있었다. "대왕님! 언제 당신의 군대로 되돌아갈 건가요? 은밀한 데이트를 너무 오랫동안 즐기네요." 그들은 서로 바라보며 웃는다. 식사로 나온 문어는 양이 많지도 맛이 특별하지도 않았다. 그저 삶은 문어를 썰어 소금과 핫소스를 묻혀 나온 요리에 불과했다. 식사를 마치자 아내가 식사량이 적다며 다른 바르로 가자고 한다. 다른 바르에서 다시 요리를 시켜 두 번째 저녁 식사를 했다. 아내는 내가 체중이 너무 빠져 홀쭉해진 것을 걱정하고 있었다. 그 뒤로도 돌아오는 날까지 아내는 나에게 풍성한 저녁 식사를 권했다. 귀국한 뒤 나의 몸무게는 무려 10킬로그램이나 빠져 있었다. 아마 많이 먹으라는 아내의 권유가 없었더라면 그보다 훨씬 더 홀쭉이가 되어 있었을 것이다.

차가운 기운 가득한 순례길의 징검다리

영어를 등한시하는 에스파냐의 지식인들

차가운 기운이 온 숲을 감싸고 호수의 요정이 시내 위의 징검다리를 뛰어다니는 듯 착각에 빠질 정도로 감미로운 나무 향이 주변을 맴돈다. 정녕 숲의 정령이 있다면 이곳에 있으리라. 보엔테Boente의 카페테리아 정원에 즐비한 의자에 앉아 햇볕을 온몸으로 받아들인다. 커피 한 잔으로 아침 식사를 가름하고 있는데 나이 지긋하신 분이 우리 곁에 앉아 있다. 철저히 혼자가 될 각오로 순례길에 오른 사람들이 보기보단 많은 것 같았다. 그는 우리와의 대화에 상당히 조리 있게 말을 했다. 나중에 산티아고에 도착해서 알게 되었지만, 목사님이란다. 신교의

옥수수가 저장된 오레오

뿌리가 구교 아닌가. 개신교 목사로서 야고보 성인의 무덤을 찾아가는 여정이 당연해 보인다. 이곳의 오레오는 최근 새롭게 만들어진 듯 신형 중의 신형이다. 내부는 뭔지 모를 것들로 가득 차 있다. 곡식 창고로 쓰나 보다. 하지만 본래의 용도보다 카페테리아 정원을 치장하는 장식물로 활용가치를 더 높이고 있다. 문이 활짝 열려 있는 어느 농가의 오레오는 나의 발길을 잡아끄는 마력을 지녔다. 옥수수가 가득 들어찬 오레오를 확인하는 순간 마치 비밀의 문을 엿본 듯 가슴이 뿌듯하다.

모처럼 내부가 개방된 성당을 만났다. 제단 뒤의 사무실에서 세요를 찍고 방명록에 나와 아내의 이름을 크게 적고 서명했다. 성당 안으로 들어서자 아내는 벌써 1유로를 기부하고 촛불을 켠 다음 기도에 열중이다. 문이 개방된 성당 대부분은 촛불 앞 기부함에 1유로 동전을 넣으면 저절로 촛불이 켜지게 만들어 놓았다. 나도 제단 앞에 무릎 꿇었다. 미사를

드릴 때마다 그리고 개방된 성당에 들어갈 때마다 이기수 요아킴 신부님
께서 주신 과제를 한 번도 빠트리지 않고 기도했다. 아울러 윤석주 레오
신부님의 쾌유를 비는 기도도 드렸다. 아내도 똑같이 기도했다고 한다.
우리의 기도를 들어주소서!

카스타녜다Castañeda의 한 농가, 포도나무로 차광막을 대신하고 있었
다. 푸릇푸릇 돋아나는 포도 잎 차광막 아래 노부부가 볕을 피하고 있었
다. 보기에 좋았다. 군데군데 다 쓰러져가는 폐가의 차양막도 역시 포도
나무를 활용했다. 한여름 무성한 포도 잎이 짙게 그늘을 드리우겠지! 아
직도 사람이 사는 오래된 중세의 농가, 하지만 많은 사람이 농촌을 떠나
아쉬웠다.

습기를 머금은 이끼 낀 나무들, 졸졸 흐르는 이소 강과 중세풍의 돌다
리가 리바디소Ribadiso do Baixo를 독특한 신비로움으로 감싸 안고 있었다.
이소 강 옆에는 카페테리아 겸 알베르게 한 채가 있었지만, 아직 이른 시
간이라 영업도 하지 않고 문도 열지 않았다. 무너져가는 돌집들이 세월

리바디소

의 흔적을 말해주는 마을치고는 아주 작은 마을이다.

오늘은 대략 15킬로미터 정도만 걷기로 했다. 어제 많이 걸어 아내가 피곤한 탓도 있지만, 아르수아Arzúa부터 16킬로미터 이내에는 알베르게가 없기 때문이다. 아르수아를 통과한다면, 오늘만 최소 30킬로미터 이상을 가야 한다는 계산이 나오기 때문이었다. 자동차 도로를 따라 현대식으로 단장된 삭막한 도시, 그것이 아르수아에 대한 첫인상이었다. 순례로가 차도 왼쪽으로 벗어나 중세풍의 건물 사이를 통과하지 않았더라면 정말 무미건조한 도시로 각인됐을 것이다.

시립 알베르게에 도착했지만, 문을 열려면 최소 1시간은 기다려야 한다. 아직 정오가 채 되지 않았기 때문이다. 오후 1시 20분이 되어서야 알베르게의 문이 열렸다. 이곳은 2층 침대를 두 개씩 나란히 붙여놓았다. 더블침대가 2개 층으로 배열된 구조다. 오스피탈레라는 아내와 나를 각각 1층과 2층으로 분리하여 침대를 배정하는 희한한 짓을 한다. 1층 또는 2층에 나란히 침대를 배정해 달라고 항의를 해 보았지만 막무가내다. 아내 곁에 다른 남자가, 내 곁에 외간 여자가 자게 된다면 자칫 모르는 사람과 더블침대에서 동침하는 꼴이 돼 버린다, 단지 이불만 같이 덮지 않을 뿐. 우리가 일찍 도착하여 침대가 많이 남았는데도 그녀는 바꿔줄 생각을 하지 않는다. 어쩔 수 없이 우리 옆에 배정된 사람과 침대를 바꾸자고 부탁해야 할 판이었다. 에스파냐인 여성의 완고함이란 정말 이해가 되지 않는 구석이 있다. 다른 나라 출신의 자원봉사자라면 순례자의 특성을 잘 이해할 텐데 이곳 현지인 자원봉사자는 딱딱하고 불친절하며 지극히

알베르게 앞에서 기다리는
순례자들

사무적이다.

며칠 전부터 눈이 가렵고 아파왔다. 알레르기 비염이 심해지면 눈까지 가려웠던 경험이 있어 증상을 잘 알고 있었다. 병원에서 알레르기 안약을 처방받아야 했다. 그래서 아르수아에서 비교적 크다는 종합병원을 찾아갔다. 의사가 많아야 그중 영어를 할 줄 아는 사람이 있을 것이라는 생각에서였다. 그러나 의사 두 명과 대화해 봤지만, 영어가 전혀 통하지 않는다. 의사 정도면 최고 엘리트급에 속하는데 이렇게 영어가 안 될까? 결국은 내가 졌다. 되지도 않는 에스파냐어 실력을 총동원하여 그들과 대화를 시도했다. 그들은 원무과에서 접수부터 하고 오라고 한다. 접수처에 있는 여직원들도 영어의 "원, 투, 쓰리"라는 기본적인 숫자도 모른다. 목마른 사람이 우물을 팔 수밖에 없었다. 외국어대에서 고작 두 달 배운 에스파냐어를 이렇게 유용하게 써먹을 줄 몰랐다. 중세 때부터 내려온 전통이자 에스파냐의 관례가 순례자 증명서가 있는 사람은 무료로 치료해 주는 것이었다. 책에서 그렇게 읽었다. 하지만 접수처에서 얘기를 해보니 여권사본과 한국 전화번호를 받아 국제우편으로 치료비를 청구한단다. 외국인은 보험이 되지 않아 많은 액수가 나온다고 한다. 내 몸은 내가 잘 아는데 그렇게까지 해야 하나? 여권사본과 전화번호를 적어 준 메모를 돌려 달라 요구하고 그냥 나와 버렸다. 그리고 약국으로 들어갔다. 약사 역시 '눈eyes'이라는 단어를 모른다. 의사나 약사 정도면 최소한 의학용어쯤은 영어로 배웠을 텐데······.

"메 뽀까 아끼, 이 띤또Me poca aquí, y tinto."

통할지도 모르면서 "aguí여기" 하고 눈을 가리키며 "가렵고 그리고 벌겋다"라고 말했다. 그리고 덧붙여 "알레르기"라고 말하자 통했다. 약사가 "알레르히아alergia?" 하면서 점안액을 가져온다. 그렇게 그날의 해프닝은 일단락됐다. 안약을 넣은 이후 눈 상태는 좋아졌다. 하지만 알레르기 비염이 원인이 아닌 것 같았다. 코는 멀쩡했고 두 달분의 알레르기 비염 약을 한 번도 먹지 않았을 만큼 공기가 좋았기 때문이다. 며칠 전 세숫비누가 떨어져 현지에서 우윳빛 비누를 하나 샀던 것이 생각났다. 그 비누를 쓴 뒤부터 샤워만 하면 눈이 가려웠던 것이다. 안약도 안약이지만 비누를 바꾸자 눈 상태가 몰라보게 좋아졌다. 비누 알레르기였다.

알베르게에 돌아가 보니 1층 침대에 나란히 아내 침낭과 내 침낭이 펼쳐져 있었다. 모르는 사람과 더블베드 같은 침대에서 같이 자야 하느냐며 강력히 항의하자 오스피탈레라가 직접 우리 침대를 와서 보더니 바꿔줬다고 한다. 어찌 됐든 고마웠다. 하마터면 외간여자와 나란히 누울 뻔했다.

순례 도중 사망한 순례자를 추모하는 기념비와
순례길을 표시하는 노란 화살표

Ponte
Carreira
페드로우소
Pedrouzo
Santiso
O Pino
Dodro
아르수아
Arzúa
Melide
산타 이레네
Santa Irene
5.14(화)
순례 33일차
아르수아   17km
산타 이레네
3km   페드로우소
∴20km
하느님이
우리 부부에게 주신
축복

하느님이
우리 부부에게 주신 축복

최소 17킬로미터에 이르는 산타 이레네_{Santa Irene}까지는 알베르게가 없다. 그래도 중간중간의 마을에 바르나 카페테리아는 있을 것이라는 기대를 하고 막바지 여정에 나섰다. 오늘도 역시 아침부터 추위와의 전쟁을 펼친다. 숲의 향연도 추위 속에 묻혀버렸다. 잔뜩 몸을 움츠리고 키다리 나무로 이뤄진 터널 길을 걸어갔다.

갈리시아 지방에 들어선 이후부터 마을단위가 급격히 축소되는 경향을 보였다. 집 몇 채에 불과한 마을이 띄엄띄엄 이어진다. 바로사스, 오라이도, 프레군토뇨, 페로사와 같은 작은 마을을 지나가면서 커피 한 잔 마실 곳을 찾았다. 칼사다_{Calzada}마을 끝에 깨끗이 단장된 바르가 있었다. 우리 부부는 커피와 이름 모를 음식으로 식사하고 있었다. 그때 아내가 밖을 보며 손을 흔든다. 한국인 가톨릭 부부가 오고 있었다. 그들은 우리

산티아고까지 33km
남았다는 표지석

와 여정이 같은 날이면 어김없이 성당미사에 참석했다. 그만큼 신앙심이
깊은 부부 같았다. 우리는 그들에 비하면 아직 초짜 중의 초짜 신자이다.
그들 부부는 화장실에 들러 생리현상을 해결하고 서둘러 길을 재촉했다.
정말이지 순례길 곳곳에 공중화장실이라도 설치해 줬으면 좋겠다. 지금
까지 순례자를 위한 공중화장실을 단 한 곳도 보지 못했다. 우리는 느긋
하게 여유를 부렸다.

　　푸른 숲을 친구삼아 걷다 마을을 지나고 조그만 시내를 건넜다. 떡갈
나무가 어우러진 좁은 오솔길을 가는데 갑자기 30여 명의 자전거 부대가
요란한 소음을 내며 순례길로 진입한다. 순례자들은 어렵게 길옆으로 비
켜섰다. 분명 아스팔트 길도 있고 넓은 신작로도 있는데 이렇게 좁은 길
을 비집고 올라가야 하는지 불쾌했
다. 순례자는 아닌데 사이클 훈련
을 여기서 하나보다. 사실 한 두 대
의 자전거 순례자들이 좁은 순례길
을 달려와도 우리는 무조건 비켜주
었다. 이 카미노는 걷는 자를 위한
길이 아니라 자전거를 위한 길인
것처럼 느껴졌다. 어마어마한 키를
자랑하는 유칼립투스 나무숲을 걷
노라니 피톤치드가 저절로 흡입되
어 마음이 한결 상쾌해 졌다. 자전

유칼립투스 나무길, 갈리시아 지방에는
유난히 유칼립투스 나무가 많다.

거 부대 때문에 상한 기분이 저절로 치유된다. 처음에는 자작나무가 아닌가 했지만, 껍질이 세로로 반듯하게 벗겨지는 모양이 자작나무와 달리 흥미로웠다.

간간이 이어지는 집들, 그 중에서도 중세풍의 양식을 간직한 곳만 골라가며 사진을 찍었다. 쌩쌩 달리는 차도 아래로 순례자를 위한 지하도가 나타났다. 어느새 우리와 나란히 걷고 있던 서울 총각 충만이와 연주가 지하도를 벗어나 사진촬영에 열중이다. 아내도 뒤에 서서 그들을 바라봤다. 그들의 카미노를 걷는 열정을 높이 평가하고 있던 터였다. 부산 총각 종현이는 우리를 앞질러 갔다. 이곳이 산타 이레네 언덕이다. 이곳에서 페드로우소Pedrouzo까지는 3킬로미터 밖에 남지 않았다. 우리 부부는 충만이와 연주와 함께 도란도란 얘기를 나눴다. 그때 종현이가 아스팔트 길로 합류되는 곳에서 우리를 기다리고 있었다. 무심코 아스팔트 길을 횡단하려는데 종현이가 횡단하면 안 된단다. 그리고 아스팔트 길을 따라 왼쪽으로 조금만 가면 페드로우소가 있다고 했다. 종현이가 없었다면 우리 부부는 아마 10킬로미터를 더 걸었으리라. 10킬로미터 내에는 알베르게가 없기 때문에.

차도 변 낮은 곳에 있는 시립 알베르게, 그곳의 의자에 앉아 자원봉사자가 오기를 기다렸다. 30분을 기다려 들어간 알베르게6유로는 환상적이었다. 이층침대 안쪽으로 창문이 있고, 그 창문 곁에 단층 침대 2개가 있었다. 창문을 통해 밖을 볼 수 있었다. 흩뿌리는 빗방울이 창문에서 흘러내리는 광경은 가히 낭만을 넘어 환상적이기까지 했다. 아늑하고 좋은

이 공간은 우리 부부만의 공간이었다. 사실 30여 일의 일정 동안 사람들이 북적대는 알베르게에서 안락하지 못하다는 느낌으로 잠을 청했었다. 그래서 산티아고 입성 하루 전날 아늑한 1층 침대를 나란히 배정받았다는 사실만으로도 하느님의 은총을 느끼기에 충분했다. 그리고 우리가 걸어올 때는 맑은 날씨였다가 알베르게에 들어간 이후에 비가 내렸다. 비는 순례 기간 내내 우리를 피해 다녔다. 단 하루 비를 흠뻑 맞았었지만, 이 또한 순례길의 순탄함에 경종을 울리기 위한 하느님의 섭리가 아니겠는가. 침대에 걸터앉은 우리 부부는 서로 마주 보며 살포시 미소 지었다. 만족에 겨워 미소 짓는 것 역시 하느님의 은총이다. 사소한 것에도 만족을 느끼는 순례자의 행복이 바로 이런 것이다.

그동안 우리와 마주치기를 반복한 대건안드레아 가톨릭 부부, 종현,

1. 알베르게
2. 창 옆 아늑한 침대

충만, 연주, 지은, 진아·진수 남매가 모두 이곳에 모였다. 첫날 이후 철저히 혼자 걸었던 솔이, 다정다감한 프로야구 심판위원 권영익 선배, 열정적인 캐나다 교민 부부, 소박한 꿈을 가진 경화 씨만 이곳에 없었다.

저녁 7시 30분, 알베르게에서 상당히 떨어진 성당을 찾아 미사를 드렸다. 제대 뒤로 야고보 성인의 상징인 조가비 문양이 노랗게 채색되어 있어 그 의미가 새롭게 다가왔다. 미사가 끝나자 신부님께서는 모든 순례자를 앞으로 나오도록 했다. 총

9명 중 우리 부부, 대건안드레아 가톨릭 부부, 진아·진수 남매 등 무려 6명이 한국인이다. 신부님께서 "꼬레아"를 읊조리며 흐뭇한 미소를 짓는다. 모든 순례자에게 성수를 뿌려 강복해 주신다.

Forte
Santiso
O Pino
라바코야
Lavacolla
페드로우소
Pedrouzo
빌라마이오르
Vilamaior
산 마르코스
San Marcos
몬테 도 고소
Monte do Gozo
Area
Central
산티아고 데 컴포스텔라 공항
Santiago De Compostela Airport
산티아고 데 콤포스텔라
Santiago de Compostela
5.15(수)
순례 34일차
페드로우소
10km
라바코야
2km
빌라마이오르
2.5km
산 마르코스
1km
몬테 도 고소
5km
산티아고 데 콤포스텔라
∴20.5km
카미노의
마지막 이야기들이
깃든 곳

어젯밤부터 시작된 빗발이 간간이 이어진다. 산티아고에 입성하는 날은 궂은 날씨조차도 축복의 메시지가 되는 듯 페드로우소의 하늘에 무지개가 떴다. 산 안톤 마을을 통과하는 카미노를 선택하여 걷는다. 50미터 남짓한 유칼립투스 나무가 하늘을 찌를 듯 울창한 수림 지대를 형성하고 있다. 쓸쓸하면서도 상큼한 나무 향기를 맘껏 음미하며 걷는다. 오래된 돌집의 썩어가는 창문이 오히려 중세의 향기를 솔솔 풍기고 있었다. 다시 시작된 유칼립투스 나무숲은 방금 내린 비로 축축한

유칼립투스 나뭇길

라바코야 국제공항
끝부분에 있는 표지석

습기를 머금어 더욱 열대우림을 연상시키고 있다. 그 밑을 걸어가는 우
리 인간은 작아도 너무 작다. 숲 사이로 소형 비행기가 소음을 내며 하늘
로 비상한다. 벌써 라바코야Lavacolla 국제공항이 가까워졌나 보다. 라바
코야 국제공항 덕분에 우리 순례자들은 공항 주위를 타원형으로 우회하
느라 먼 길을 걸어야 했다. 무한 속도의 상징인 비행기, 그리고 느림의 미
학인 걷기가 절묘한 대조를 이루는 곳이다. 속도와의 무한경쟁을 치르는
국제공항은 수백 킬로미터를 걸어온 나에게 빠름과 느림의 차이에 대해
생각하게 했다.

　　나는 순례길을 통해 느림의 미학이 곧 빠름의 미학임을 깨달았다. 한
걸음 한 걸음 내딛다 보면 그 걸음이 모여 아득하게 멀게 느껴졌던 곳에
이른다. 천천히 걷는 느림의 미학이 바로 여기에 있다. 산티아고에 도착
했을 때 우리는 벌써 목적지에 도착했다는 아쉬움을 가질 것이다. 시작
이 있으면 끝이 있고, 그 끝은 다시 새로운 시작을 의미한다. 시작의 끝에
서 아쉬움은 당연하다. 아쉬움을 딛고 서서 다시 시작해야 하기에……

　　공항의 끝 지점에 넓고 길쭉한 돌 이정표가 있었다. 우리 부부는 돌

이정표를 사이에 두고 나란히 포즈를 취했다. 그때 말을 탄 순례자가 우리 곁을 지나간다. 하지만 숲 터널 길의 높이가 낮아 말에서 내려 걸어가야만 했다. 마을에서부터 그 순례자는 말을 타고 간다. 성당을 돌아가는데 한 할머니가 구걸하고 있었다. 산티아고에 입성하는 기쁜 날인데 어찌 적선하지 않을 수 있으랴.

갑자기 빗발이 굵어지기 시작한다. 우리 부부는 빌라마이오르 Vilamaior의 바르에 들어갔다. 사모스의 수도원을 찾아갈 때 같이 걸었던 독일 여성이 우리를 보고 반갑게 맞이했다. 우리 부부는 연주와 함께 커피와 간단한 요깃거리로 배고픔을 달래며 비가 그치기를 기다렸다. 연주는 시간이 흐를수록 순례길의 거리가 줄어듦에 몹시 안타까웠다고 한다. 우리 인간은 처음 고통을 경험할 때는 괴로워하지만, 그 고통의 막바지에서는 다시 고행을 즐긴다. 그러므로 한 번 카미노를 걸은 사람이 다시 순례길을 찾아오는 것이리라.

갈리시아 지방의 대표적인 상징물 오레오가 계속 시야에서 떠나지 않는다. 하지만 낡은 오레오와 무너져 가는 옛 돌집들은 그냥 보기에는 아쉬움이 남았다. 제대로 보수만 한다면 훌륭한 중세풍의 건물로 재탄

몬테 도 고소의
기념비

생될 텐데……. 산티아고 가는 나무 표지판 위에 누군가 신발을 올려놓았다. 지나가는 순례자들이 너나 할 것 없이 모두 카메라를 들이댄다. 산 마르코스San Marcos에 들어섰나 했는데 곧바로 몬테 도 고소Monte do Gozo가 나타난다. 하늘에는 금방 빗방울 쏟아낼 듯 먹구름이 몰려왔으나 우리의 산티아고 입성을 축하하듯 이내 사라진다. 교황 요한 바오로 2세의 방문 기념비와 그 위의 십자가 조형물이 우리를 반기지만, 지체하고 싶은 마음이 생기지 않았다. 산티아고를 불과 5킬로미터 남기고 500침상 규모의 대형 알베르게가 있었다. 하지만 아직 이른 시간이라 우리 부부는 산티아고를 향해 직행했다. 고소산 언덕에서 바라보는 산티아고 시가지는 평온하다. 아마 이곳이 프랑스 동부도시 브장송Besancon의 휴베르트Hubert가 전해왔던 내용을 13세기 야코부스 주교가 옮겨 적은 황금 전설에 등장하는 장소일 것 같다는 생각이 들었다. 고소산과 조이산이라는 차이점은 있지만, 중세에 먼 거리에 있는 지명을 정확하게 기록한다는 것 자체가 힘든 일일 것이다.

　1070년경 로레인_{Lorraine} 출신의 남자 30명이 산티아고 순례길에 나섰다. 한 사람을 제외한 29명은 서로서로 도와주며 마지막까지 순례길 여정을 함께 할 것을 맹세했다. 그런데 그들 중 한 명이 그만 병에 걸려 순례를 계속할 수 없게 되었다. 40여 일이 지나자 나머지 일행들은 모두 떠나버리고 맹세를 하지 않았던 한 사람만 병자를 돌보고 있었다. 그 둘은 성 미카엘 산기슭에 머물렀다. 그러던 어느 날 저녁 환자가 지그시 눈을 감으며 세상을 떠났다. 홀로 남은 남자는 도둑과 강도가 판을 치는 으슥한 산기슭에서, 그것도 캄캄한 밤에, 게다가 시신을 곁에 두고 있자니 두려움이 엄습해 왔다. 그때 기사 복장을 한 산티아고_{성 야고보}가 나타났다.

　"시신을 들어 올려 나에게 주고, 너는 말 뒤에 올라타거라!"

　야고보 성인은 15일이나 걸리는 여행길을 단숨에 달려 산티아고 데 콤포스텔라가 내려다보이는 조이산에 산 자와 죽은 자를 내려놓았다. 야고보 성인은 산 자에게 성야고보회에 도움을 청해 죽은 자를 장사지내고 순례를 마치라고 말했다. 또한, 순례를 함께 떠났던 스물여덟 명의 다른 순례자들은 맹세를 깨뜨렸으므로 순례가 아무 소용이 없다는 말도 전하라고 부탁했다. 맹세를 하지 않았으나 끝까지 도의적인 책임을 저버리지 않았던 남자는 모든 죄를 용서받았다. 그러나 맹세를 깨뜨린 자들은 어렵고 힘든 순례길이 모두 허사가 되고 말았다.

산티아고 대성당

　혹시 나는 순례에 나서면서 누구와 맹세를 하지 않았는가? 다행히 맹세는 하지 않았다. 산티아고가 가까워질수록 종교적 경건함으로 가슴이 설레기 시작했다. 산티아고 대성당에 도착하기 이백여 미터 전 조그만 성당이 있었다. 그 앞의 일반 건물 문을 통과하면 대학이라고 했다. 명패도 전혀 없다. 약도를 보고 알아서 찾아야 한다. 이외에도 산티아고 대성당 오른쪽 건물도 대학이라고 했다. 그곳 기념품점에 들어가니 대학인 세요를 찍어준다. 그래서 산티아고에서는 두 번 세요를 받았다.

　오락가락하던 비가 그치고 하늘을 회색으로 수놓던 구름도 물러갔다. 우리의 산티아고 입성에 맞춰 파란 하늘에 하얀 뭉게구름이 두둥실 떠오른다. 카미노의 마지막 이야기들이 헤아릴 수 없는 수많은 사연으로 남아 있는 산티아고 데 콤포스텔라. 산티아고 데 콤포스텔라의 정점을 이루는 산티아고 대성당은 로마네스크 양식의 고색창연함을 변함없이 드러내고 있었다. 벅찬 감동에 차라리 무릎 꿇는 것으로 터질 듯한 흥분을 억누른다. 이베리아 반도의 가톨릭교도를 하나로 묶었던 신앙적 지주성 야고보, 그의 이름이 도시가 되어버린 곳, 그곳에서 벅찬 감동을 주체하지 못해 한참을 서성였다. 브라질 청년 베드로는 감격에 겨워 눈물을 흘린다. 광장에는 수많은 순례자가 앉아 있거나 드러누워 순례길의 고행을 스스로 위로하고 있었다.

　매일 정오 산티아고 대성당에서는 순례자 미사가 거행된다. 하지만 오늘은 이미 정오가 넘어버렸다. 우리 부부는 순례자 사무실을 찾아 순례완주증명서를 받는 것으로 오늘의 순례 여정을 마무리했다.

우리가 묵었던 산티아고의 알베르게는 높은 언덕의 수도원을 개량한 곳이다. 높은 언덕의 수도원에서는 산티아고 구시가지의 지붕들이 잘 보인다. 붉은 지붕 위로 산티아고의 종탑이 뾰족하게 솟아있는 모습은 아마도 성당을 중심으로 형성된 도시라는 인상을 심어주기에 충분했다. 산티아고 성당의 종도 역시 무어인들에 의해 고난을 겪은 역사를 간직하고 있다.

지붕 위로 솟은
산티아고 대성당 종탑

의 무덤만은 그대로 보존해 주었다. 이슬람교도였던 그도 기독교의 성인 야고보의 무덤은 어찌할 수 없었다. 대신 그는 산티아고 성당의 종을 기독교인들의 어깨에 짊어지게 하여 알-안달루스 왕국의 수도인 코르도바로 가져간 뒤 이를 녹여 이슬람 사원을 밝히는 촛대로 만들어 버렸다.

페르난도 3세San Fernando III, 1199~1252는 카스티야의 공주 베렝겔라와 레온 왕 알폰소 9세의 아들로 태어났다. 그는 어머니의 양위로 1217년부터 카스티야 왕국의 왕이 되었으며, 1230년 부왕이 죽자 갈리시아·레온 왕국의 왕도 겸임하였다. 이듬해 그는 카스티야, 레온, 갈리시아 등으로 통합과 분열을 거듭하던 왕국을 카스티야·레온 왕국으로 영구 통합시켰다. 그 후 두 왕국은 카스티야 왕국으로 대표된다. 이로써 무어인들과의 전투를 위한 기틀을 다진 페르난도 3세는 본격적인 전쟁에 돌입하여 1233년 무어인들의 도시 우베다Ubeda를 점령하고, 1236년에는 알-안달루스의 중심도시 코르도바를 탈환했다. 그리고 1248년에는 세비야Sevilla를 함락시켰다. 또한, 그는 이슬람의 마지막 왕조였던 그라나다의 나사리 왕국과 주종관계를 맺고 조공을 받았다. '국토회복 전쟁'이 종료되는 그라나다의 와해는 바로 이 조공관계에서 비롯된다. 그라나다의 나사리 왕국이 조공을 바치지 않자 이를 구실로 카스티야·아라곤 연합왕국의 이사벨 여왕 부처가 그라나다를 침공하였기 때문이다.

이처럼 맹위를 떨쳤던 페르난도 3세는 1236년 알-안달루스의 수도였던 코르도바를 탈환한 뒤 300개의 촛대로 변해버린 산티아고 대성당의 종을 되찾는다. 그리고 무어인 장수 알만소르가 산티아고 성당에서 종을 가져갔던 것과 같은 방법으로, 이슬람교도들의 등에 촛대를 지게 하여 산티아고 데 콤포스텔라까지 가져오도록 했다. 실로 259년만의 귀환이었다.

사연이 많은 종탑을 바라보며 산티아고 대성당으로 향했다. 정오에 시작되는 미사에 참례하기 위해서였다. 성당에 들어서자 엄숙한 분위기가 좌중을 압도하고 있었다. 중앙 제대 뒤 좁은 계단을 통해 올라서자 야고보 성상聖像의 뒷모습이 나타났다. 기다리는 사람들이 줄지어 있어 시간을 지체할 수 없었다. 짧은 시간 성상을 뒤에서 포옹하며 순례길에서의 안전에 감사하며 앞으로의 삶에 대해 축복을 기원했다. 다시 제대 뒤 면죄의 문을 통해 지하묘소로 내려갔다. 야고보 성인의 유골이 안치된, 순은으로 도금된 관 앞에 무릎을 꿇었다. 바람처럼 다녔던 순례 여정의 숱한 기억들이 떠올랐다. 신앙의 힘, 고인이 된 성인이 기독교도들의 신

산티아고의 관

대성당 내부

앙을 결집해 역사를 바꿨다. 잠시 산티아고 성인에 대해 묵상했다.

　어느덧 11시가 되었다. 비가 추적추적 내리는 가운데 성당 밖으로 나갔다. 우리의 길벗이던 해롤드가 산티아고에 도착하면 대성당 앞에서 오전 11시에 만나자고 했기 때문이었다. 어제도 혹시 그가 대성당 앞에 있을지도 모른다는 생각에 정오가 지났지만 그를 찾아 헤맸었다. 하지만 그는 없었다. 오늘도 역시 그의 얼굴은 볼 수 없다. 노인이라 걸음이 더뎌 아직 도착하지 못했나? 힘겹게 걷던 그의 모습이 눈가에 선하다. 꼭 다시 만나 순례길에서의 추억과 영적 체험을 교환하고 싶었다. 대부분의 길벗들과 산티아고에서 다시 만나 미소와 포옹으로 반가움을 나눴지만, 캐나다인 해롤드와 핀란드 모녀와는 끝내 재회의 기쁨을 나눌 수 없어 아쉬웠다.

　정오 순례자 미사가 엄숙하면서도 장중하게 거행되었다. 갑자기 코끝이 찡해온다. 부푼 가슴으로 여정을 무사히 끝마친 데 대해 감사를 드리는 기도를 올렸다. 그리고 우리 가족과 주변의 모든 사람에 평화가 깃들기를 기원했다. 특히 이기수 신부님을 비롯한 사제들의 건강과 평화를 염원했다. 미사가 끝나자 대향로가 공중그네를 타며 연기를 뿜어대기 시작했다. 800킬로미터를 걸어오는 동안 지치고 무너진 심신을 위로하려는 듯 하얀 연기가 순례자들의 머리와 어깨 위로 살포시 내려앉는다. 우리의 더러운 몸과 마음이 어느덧 깨끗이 정화된다.

　성당 내부에는 네댓 개소의 개방된 고해실이 있었다. 어떤 순례자들

성당 안의 고해소

은 고해실에 앉아있는 사제 앞에 무릎을 꿇고 고해를 하고 있었다. 미사가 끝난 뒤 한가로운 오후였다. 우리 일행 중 한 명이 고해성사에 대해 반론을 제기했다. 예수님의 이름으로 하느님께 직접 기도하면 되는데 굳이 사제를 통해 죄를 용서받아야 하는 이유가 합당치 않다는 것이었다. 또한, 이곳의 고해소는 사제와 직접 얼굴을 마주 보며 얘기하게 되어 있어, 죄를 고백하기 어렵다고 말했다. 나는 그 말도 맞다는 데 일단 동의했다. 하지만 죄를 용서받을 수 있는 고속도로가 있는데도 우회도로를 고집하는 격이라고 대답했다.

　"나 또한 너에게 말한다. 너는 베드로이다. 내가 이 반석 위에 내 교회를 세울 터인즉, 저승의 세력도 그것을 이기지 못할 것이다. 또 나는 너에게 하늘나라의 열쇠를 주겠다. 그러니 네가 무엇이든지 땅에서 매면 하늘에서도 매일 것이고, 네가 무엇이든지 땅에서 풀면 하늘에서도 풀릴 것이다." 마태 16, 18~19

예수님의 권한을 물려받은 사제가 죄의 매듭을 풀면 하늘에서도 풀린다. 그러니 사제에게 고백하여 죄를 용서받는 것이 더 손쉬운 방법이 아닌가. 물론 죄에 대한 보속補贖은 해야 되겠지만. 성경에 기록된 대로 실천하면 만사가 해결되는데 애써 다른 길을 찾아야 하겠는가. 이것으로 설명은 충분했다.

이날 밤 알베르게로 돌아가니 경화 씨가 도착해 있었다. 반가움을 나눌 겨를도 없이 갑자기 권영익 선배가 우리의 침대로 들이닥쳤다. 여러 차례 거리를 줄여가며 행여 우리를 만날 수 있으려나 기대했다고 한다. 쉼터 벽돌에 쓰인 낙서에서 무려 6일이나 앞서 간 사실을 확인한 순간 우리는 권 선배를 다시 볼 수 있다는 희망조차 버린 상태였다. 권 선배는 단조로운 메세타 평원을 조금 건너뛰었다고 했다. 농담 삼아 "버스 타고 메세타를 건너뛸까?" 했던 말을 곧이곧대로 받아들여 우리도 메세타를 일부 건너뛰었을 것으로 생각했다고 한다. 그런 와중에 또 다른 반가운 얼굴이 보였다. 캐나다 교민 부부였다. 바람처럼 흩어졌다 만나기를 반복하는 순례자들. 그날 밤 우리 부부는 권 선배와 캐나다 교민과 더불어 알베르게 지하 식당에서 와인을 기울이며 단란한 대화를 나눴다.

다음 날 아침 피스테라Fisterra 행 버스에 몸을 실었다. 3시간가량 걸려 도착한 피스테라에는 대건안드레아 가톨릭 부부와 연주도 자연스레 동행했다. 피스테라에서 4킬로미터를 걸어 도착한 피니스테라_{Finisterra} 등대, 그 앞의 0,00㎞라는 이정표가 이곳이 땅끝임을 알려주고 있었다. 땅끝으로 다가가 신발을 벗어 바위 위에 올려놓았다.

"신발아 그동안 나를 싣고 800여 킬로미터를 달려오느라 수고 많았지? 이제 좀 쉬려무나."

피니스테라 등대 가는 길 중간에 있는 동상

피스테라 항구의 무지개와 황홀한 경치에 빠져 하룻밤을 피스테라에서 보낸 후 산티아고로 되돌아왔다. 산티아고의 마지막 밤, 산티아고 대성당의 야경을 가슴 가득 담아 숙소로 가는데 경화 씨가 시가지를 돌아다닌다. 경화 씨와 우리 부부는 시끌벅적한 바르에 들어가 바람처럼, 구름처럼 덧없이 걸어왔던 카미노에 대해 얘기했다. 그저께 저녁 권 선배와 캐나다 교민을 만나는 바람에 경화 씨와 저녁을 같이하지 못해 마음

1. 피니스테라 등대 뒤 땅 끝에서
2. 유럽의 서쪽 땅 끝에 신발을 벗어놓고

한구석에 미안함이 자리 잡고 있었는데 이렇게 다시 만나 기뻤다.

카미노의 본질은 만남이었다. 헤어짐과 만남 속에 우정이 싹터왔다. 그렇게 힘들고 고통스러웠던 순례길에서의 추억이 이제는 아쉬움으로 남는다. 수많은 순례자가 그 아쉬움을 채우려고 다시 카미노를 찾는지도 모른다. 다음 날 산티아고 국제공항에서 여객기에 몸을 싣는 순간 아쉬움이 몰려왔다. 그리운 카미노, 언젠가 다시 이 길을 걷게 되리라. 파리의 민박집에 도착하자 우리가 처음 순례길에 오를 때처럼 그곳에는 카미노를 걷게 될 새로운 순례자가 있었다.

삶은 광대한 우주의 질서에 비하면 찰나의 순간에 불과하다. 순간의 시간 속에 나를 찾아가는 순례 여정을 통해 많은 것을 얻었다. 종교적 신앙심은 물론, 부부애를 확인하는 소중한 시간이었다. 고생을 사서 하는 카미노 순례는 삶의 축소판이나 다름없었다. 정신적 인내는 아픔에 찌든 나의 감각마저도 일시에 뒤바꿔놓을 만큼 강력했다. 순례는 나의 가장 깊숙한 곳으로 향하는 내적 항해였기 때문이다. 한 걸음 한 걸음이 모여지자 까마득히 멀게만 느껴졌던 산티아고가 눈앞에 현실로 다가왔다. 그 순간 목표 달성도 중요하지만 매일 반복되는 하루하루의 과정도 중요하다는 사실을 깨달았다. 이번 순례를 통해 우리 부부는 카미노에서의 하루처럼 하루하루를 소중하게 여긴다. 아름다운 삶이 찾아든다. 하느님의 은총이 우리 부부 머리 위에 살포시 내려앉는다.

마음의 평화를 찾아 떠나다,
산티아고 순례길

초판 1쇄 발행일 2013년 10월 17일

지은이 진종구
펴낸이 박영희
편집 배정옥·유태선
디자인 김미령·박희경
인쇄·제본 AP프린팅
펴낸곳 도서출판 어문학사
　　　　서울특별시 도봉구 쌍문동 523-21 나너울 카운티 1층
　　　　대표전화: 02-998-0094/편집부1: 02-998-2267, 편집부2: 02-998-2269
　　　　홈페이지: www.amhbook.com
　　　　트위터: @with_amhbook
　　　　블로그: 네이버 http://blog.naver.com/amhbook
　　　　　　　다음 http://blog.daum.net/amhbook
　　　　e-mail: am@amhbook.com
　　　　등록: 2004년 4월 6일 제7-276호

ISBN 978-89-6184-311-9 13980
정가 18,000원

이 도서의 국립중앙도서관 출판시도서목록(CIP)은 e-CIP홈페이지(http://www.nl.go.kr/ecip)와
국가자료공동목록시스템(http://www.nl.go.kr/kolisnet)에서 이용하실 수 있습니다.
(CIP제어번호: CIP2013019375)

※잘못 만들어진 책은 교환해 드립니다.